U0169181

享 受 美 食 才 是 人 生 最 高 治 愈

大
方
sight

随园食单

[清] 袁枚 著　张万新 译

中信出版集团 · 北京

图书在版编目（CIP）数据

随园食单 / (清) 袁枚著 ; 张万新译 . -- 北京：
中信出版社, 2018.8
ISBN 978-7-5086-9136-7

Ⅰ . ①随… Ⅱ . ①袁… ②张… Ⅲ . ①烹饪—中国—
清前期②食谱—中国—清前期③菜谱—中国—清前期
Ⅳ . ① TS972.117

中国版本图书馆 CIP 数据核字 (2018) 第 138215 号

随园食单

著　者：[清] 袁枚
译　者：张万新
出版发行：中信出版集团股份有限公司
　　　　　（北京市朝阳区惠新东街甲 4 号富盛大厦 2 座　邮编　100029）
承 印 者：上海盛通时代印刷有限公司

开　本：889mm×1194mm　1/32　　印　张：10.75　　字　数：229 千字
版　次：2018 年 8 月第 1 版　　印　次：2018 年 8 月第 1 次印刷
广告经营许可证：京朝工商广字第 8087 号
书　号：ISBN 978-7-5086-9136-7
定　价：58.00 元

推荐序

在中国，大凡做与饮食相关的工作，有一本书是绕不过去的，这就是《随园食单》。今天，无论是餐厅酒家的商业宣传，还是厨师创作的心得体会，行文中都会有意无意地从这本著作里引文，进而作为自己的理论依据。事实上，这是一本写于三百多年前的随笔，然而对当下中国餐饮，依然有着重要影响。

汪曾祺先生有言，"浙中清馋，无过张岱。白下老饕，端让随园"。《随园食单》的作者袁枚，是杰出的文学家，康乾盛世数一数二的才子，也是清代三百多年间最有成就的美食家。他做过官，以诗文行走江湖，中年后辞官幽居，活得非常自我，有魏晋名士之风。

袁枚一生著述甚多，晚年搜集天下名馔，创造性地汇编成这样一本美食随笔，这也是中文历史上第一部全方位记录食材、烹饪和饮食理念的文集。后世的饮食工作者，一直将其奉为中国烹饪的经典之作。

我大概是十多年前，因为写美食专栏，第一次读《随园食单》。说实话，我是带着实用主义的态度去读的，除了前面的"须知单"

和"戒单"部分，后面的菜谱更多的是当成工具书去看。我的一些前辈，也尝试过复原《随园食单》中的菜肴，尽管最终完成了宴席，但标本意义远大于美味体验，效果差强人意。原因归结起来主要是两方面：一是，毕竟有三百年的"时差"，今人的口味和食物审美，与当初已经有了比较大的改变。二来，中式传统烹饪是一门实践性很强的艺术，很大程度上需要依靠长期训练形成的肌肉记忆，很多菜肴的风味差异，往往最终依赖于操作者的"手感"。

袁枚号称精于调鼎，但不是厨师出身，《随园食单》也少有详尽的烹饪工艺介绍，也就是说食单的实操性并不强。以现有在册的三百多个条目，我个人分析，袁枚大部分清楚制作流程，还有一小部分是通过厨师制作的成品，也就是从菜肴的完成状态，凭口味经验推断其制作方法，另有个别菜肴，则有道听途说之嫌。

《随园食单》还有其他方面的瑕疵，比如个人口味偏狭，独重江南味道；比如厚古薄今，对明清时期一些流行菜肴点评失之偏颇……当然，这都是站在今天角度的评判，对袁枚有失公允，也无损于这部作品的伟大。那么接下来的问题是，我们今天读这本书的意义到底在哪里呢？

作家榜寄来张万新先生的这本译作，我第一个感受，这是一本轻盈耐读的小书。我和张兄从未谋面，但有很多共同的朋友，这些人众口一词，言称万新兄是一位"认真做学问的老实人"。我用了一周时间认真读完，感觉翻译的文字干净流畅。在这里我必须感谢张万新，如果没有他，我可能至今还没有勇气通读全文。

张万新对袁枚和他的著作也有自己的理解和热爱。在导读里，他认为这是一本中国人的饭前祈祷书，里面的许多食物神秘得如同美。这一点我很同意。我想，对于今天的餐饮从业者和美食爱好者来说，读这本书，可能使我们对全球化浪潮到来之前的中国原产地食材、原生烹饪技法与繁复的古典饮食礼仪有非常确切的认知。尤其是美食工作者，多了解一点传统，就能多一点智慧应对中国的当下。

我一直认为，食物是我们探索世界最好的通道。透过这些描述美食的文字，我们可以更加理解自己身处的土地，不仅可以看到三百年前中国辽阔疆土的物产分布，也可以看到它的历史流变，甚至可以看到那个至今让我们引为自豪的太平盛世——我们不仅能通过正史、野史、宫斗剧去了解它，也可以借助更多的日常生活细节，比如《随园食单》。

陈晓卿

2018 年 6 月 26 日

编者注：推荐序作者陈晓卿，纪录片制作者，美食专栏作家，纪录片《舌尖上的中国》第一季、第二季总导演。

本书根据清乾隆五十七年小仓山房刊本译出

目 录

须知单

戒 单

海鲜单

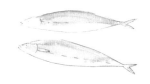

羽族单

水族有鳞单

水族无鳞单

杂素菜单

小菜单

点心单

　　一本满纸都是食物香气的书，即使写得十分浅白，仍然被神秘笼罩着，因为美味隐藏在奥妙背后，只为那些预定了能够欣赏美味的人物敞开。正是在这个意义上，烹饪才可以成为艺术，可以被感动，而不是只能吃。当烹饪成为艺术的时候，只要是做出了一道美食的人，哪怕只是偶尔做了一道好菜，都可以骄傲地说："做一道小菜就如同治理了一个国家。"我猜想，袁枚更愿意说："记录一种美食就如同写一首诗。"

　　我说的是《随园食单》，让我们随便翻开其中一页，只是随便浏览一下菜名，就不只是我们的味蕾受到了刺激，还有我们的头脑也在那些按古文方式运行的语言中感到惊奇，这之中隐藏着一种古老的虔诚。我们可以断定，这本书就是为中国人艰辛的日常生活写的一本饭前祈祷书，即使其中的很多食物都是遥不可及的，神秘得如同美。

袁枚，字子才，号简斋，晚年自称仓山居士、随园主人、随园老人。他生于1716年，距今已300多年了，卒于1798年，是一个真正的横贯18世纪的世纪老人。《随园食单》初版于1792年，即乾隆五十七年，这本书也是他晚年迸发的生命之光。在此之前，关于美食的记载散见于各种典籍和杂书，3000年过去了，令人震惊的是居然从来没有产生过如此有影响力的菜谱，直到《随园食单》问世，菜谱才开始真正影响普通人的生活，这是袁枚的一个创举。

《随园食单》让很多很多的美食变成了字。从此以后，每当黎明来临，或夕阳西下，或添灯时分，就算只是粗通文墨的人，只要他愿意展开这部奇书，就会看到像花朵一样的美食正在实用的花坛上绽放。就算是冷得发抖的寒士，也可以沉迷于满纸食物的香气，不必捧着饭碗在孤单的餐桌上夹菜。随便什么人都可以一脚踏入这部杰作，闯入一场富贵人家的流水宴席。正是由于这个因缘，《随园食单》刚刚出版就成了"超级畅销书"，袁枚生前就一版再版，为维持随园的奢靡生活挣了大把大把的银子。

要说随园，可以追溯到明朝末年，复社领袖吴应箕最早在此修筑焦园。到康熙年间，江宁织造曹寅在此修筑私家园林，随园才有了基本格局。曹寅是曹雪芹的祖父，很多人都认为随园就是《红楼梦》中的大观园，这可不是后世红学家瞎说八道，作为曹雪芹同时代人的袁枚就是这么认为的，他在《随园诗话》中写道："雪芹撰《红楼梦》一部……中有所谓大观园者，即余之随园也。"据推算，曹雪芹也许在随园中生活过15年。1727年，雍正五年，曹家犯事被抄家，私家园林被内务府郎中隋赫德接管，隋赫德将之命名为"隋园"。不久，隋赫德犯事被抄家，隋园就处于荒废状态。直到1748年，乾隆十三年，袁枚买下这个园林，改名字为"随园"。

从吴应箕到曹雪芹，再到袁枚，三代文坛高人，随园文脉之盛，令人惊叹。

袁枚任江宁县令多年，反复打量了这座位于小仓山下占地约18000平方米的园林，早就心动了，又请客居江宁的乾隆朝第一风水师章淮树为之占卜，更加坚定了他购买的决心。袁枚出身寒门，要下决心购买这么大的园林，一定经过了长久的内心挣扎。他辞去官职时，总共有3600两银子的积蓄，他花300两银子买下了随园。世人常常用"三年清知府，十万雪花银"来讥讽贪官，但有人推算过，袁枚在官场上根本不需要贪腐，正常的薪俸就应该有这么多。刚刚买下随园，袁枚立即做了一件在今天看来都很了不起的事，就是拆掉围墙，让私家园林变成了公园，除了小部分私密空间之外，随便什么人都可以一脚踏入这座园林，这是袁枚平易近人的那一部分性灵在发挥作用，这种性灵发挥到写作中，才有可能写出《随园食单》这样的平实著作。

　　要写出《随园食单》，最需要的是美食经验的积累，而这种经验的积累又需要广泛的交流和连续的记载，袁枚恰恰在这两方面都做到了极致，这部书几乎就是水到渠成的产物，也只有他才可能在那个年代写这部奇书。先来看袁枚的交游，据他的后人记载，每年到随园来的有十万多人，地方官员都要借随园摆宴席接待各级官僚，再加上各路文人墨客前来拜会袁枚这位被人仰视的诗坛盟主，他们为袁枚带来全国各地的美食定是必然之举，这极大地满足了袁枚采集菜谱的嗜好。有人说读《随园食单》可以知官场潜规则，此言可信。从1748年买下随园到1792年《随园食单》初版，40多年连续不断记录，本身就是一个满是性灵的固执的梦，由时光流逝和磨损的笔记虚构出来的梦。关键是袁枚相信梦，有一个远方的读书人为了讨袁枚喜欢，声称在梦中背诵了他从未见过的随园的对联，袁枚居然信了。袁枚随手记载的菜谱几乎自然堆积成了一本书。

　　读《随园食单》，最令人惊奇的是袁枚语言的明净，文字本身如同鲜嫩的菜肴，完全洗掉了杂质，其中没有很多的历史时期、地质年代和心灵状态的干扰，只有平实的生活的身影在晃动，人的时间感处于常态和梦幻之间，几乎不用区分今夕何夕。我们好像身处宴席之中目睹了一切美食，却又永远缺席了，围绕食单的只有寂静。

　　整部《随园食单》中，有两章不是连续记录的产物，而是专门为这本书写的，也是袁枚最想说的话。如果不是这两章在内心的催促，也许袁枚宁愿让那些记录封存在发黄的纸页中，随园中的那些美食，只会隔一段时间又从暮色笼罩的思绪中闪烁而过，袁枚只需要偶尔谈谈这些美食带来的友谊和喜悦就满足了，不必编写这部奇书。这两章就是排在显眼位置的《须知单》和《戒单》。

　　谈论《须知单》和《戒单》，最好的方法是抄录其中的格言，但我不会这么做，因为那是读者自己可以得到的乐趣。我想强调这些都是一个人用几十年吃出来的经验之谈，其中包含着食物的本质和人的生活方式，这些都是在我们和食物相遇的短暂时刻，可以重新感受和复述的知识，它们一致构成了今日餐饮业最基础的理论和行为规范。如果袁枚不曾写下这些规矩，今日的餐饮业一定非常粗鲁。

　　这两章是《随园食单》真正价值所在。袁枚恨俗人不知道这些规矩，像一个立法者那样采用了官场格式写下了严厉的格言，他为官多年，当然知道在衙门里粘贴各种须知和戒条的有效性。饮食之道，当然应该先知而后行，直到知行合一的化境。

通过了须知和戒条的严肃门庭，接下来的章节忽然就松弛了，就像进入了一个博物的花园，食物的美闪烁其间。这位诗人展示食物胜过了所有的古人，因为他可以让人看到食物与生活方式的联系，看到克制了粗野的文雅。他描写动作，确定了每一种菜都是人的食物，不是猪的大餐。并不是所有人都可以依靠反复的观察和记录就让一种食物具有生命力。袁枚罗列食物，就像在安排宴席，食物的生命力在一大堆各种各样的菜式中生长，既本分又彼此促进，从中产生了多少友谊和喜悦啊！

任何人都可以拿着这本奇书，就像老吃货一样梦想着丰盛的宴席，暂时进入袁枚的美食生活中，让自己的一部分变成古人。宴席上充满了海鲜、江鲜、有鳞的水族和无鳞的水族，还有很多飞翔的灵物和整头的祭祀的牲口，还有素菜、小菜和点心，当然少不了酒和茶。偶尔有一道还没有命名的奇菜，穿过了随园的幽暗树林，正赶赴一场不散的筵席。

张万新

原　序

　　远古时代的诗人赞美周公就说他"笾和豆这样的小食器都摆放得很合礼仪",贬低凡伯就说他"只该吃粗粮却吃了细粮"。远古时代的人对于饮食,都这样重视了。其他还有《周易》提及的用鼎煮熟食物,《尚书》提及的用盐梅调味。《乡党》《内则》等名篇也常常提及饮食之事。即使像孟子这样比较看轻饮食之事的人,居然也说饥渴的人不能细品饮食的妙处。由此可见任何事要肯定一点好处,都不该轻易下结论。

　　《中庸》写道:"没有人不饮不食,但很少有人知道美味的精妙。"《典论》写道:"第一代的家族带头人只知道找到合适的居住地,要第三代的家族带头人才知道在此地最适合穿的衣物和最适合吃的食物。"可见要成为知味之人多么不容易。

　　古代的人在切割鱼翅与分解内脏时,都遵循一定的法度,不会马虎了事。"孔子与别人唱歌时,如果别人比他唱得更好,他必然要请求那人再唱几次，自己跟着那人轻轻唱。"圣人对于唱歌这种技巧的细节，都善于向人学习，也是有法度不马虎的。

　　我非常喜欢这种学习方法，每次在别人家吃得舒服，我都要叫家厨到别人的厨房去，执弟子之礼，学习别人的美食。四十年来，家厨收集了很多人的美食经验，其中有些美食已经学会做了，有些美食只学会做六七成的样子，有些美食仅仅学会了二三成，也有少量美食竟然没有被允许学习。每次回家之后，我都要盘问家厨学到的烹饪方法，把它记下来并保存好。虽然有一些美食没能够详细记载，我也会记下在什么人家里吃到了什么美味，让自己不要忘记这样的美妙体验。我现在觉得好学之心就应该如此。虽然我记下来的烹饪方法不应该用来限制厨师的手艺，就像名家写书也会有出入，不可能完全依据故纸堆中的说法，然而有人能够沿袭旧的做法，总是不会闹大笑话的。如果临时置办一些饮食器具，也容易从我的记载中找到可以烹饪的菜品。

　　有人说："人心不同，就像人的面貌那样差别巨大。你能让天下人的口味都和你的口味相同吗？"我说："拿着斧柄去砍伐适合做斧柄的木材，学习烹饪的法则也和这个差不多。我虽然不能让天下人的口味都和我一样，但我姑且能够将我的经验推广出去。饮食虽然只是微末之技，但我却遵循忠恕之道，尽力做得很好了。

我有什么好遗憾的呢？"

　　至于《说郛》记载的三十多种饮食书，陈继儒和李渔也有一些关于饮食的旧说法，我曾按照他们的记载亲自试过，都是一些既刺鼻又败口味的菜品，大多数都是鄙陋的书生附会而作的，我没有从中取得任何教义。

袁枚

须知单

学问之道，都是先求知再实践的。饮食之道也是这样，所以首先写《须知单》。

先天须知

世上所有的事物都有先天特点，就像人各有各的资质和禀赋。那些特别愚蠢的人，就算名师孔子和孟子来教他，也学不好。食材不好，就算名厨易牙来烹调，也做不出好味道。

因此，我先指出食材的基本要点：猪肉要挑选皮薄的，不要腥臊味很浓的；鸡肉要挑选肥嫩的阉鸡，不要老鸡和仔鸡；鲫鱼以鱼身扁平、鱼肚白亮为佳，背脊乌黑的鲫鱼，必然骨骼粗硬难以在盘子中摆出好形状；在湖泊或溪流中游来游去的鳗鱼是最好的，生在大江大河中的鳗鱼，必然会长出像枝丫那么错乱的骨节和鱼刺；谷物喂养的鸭子，肉质肥嫩而白亮；肥沃的土堆长出来的笋，竹节较少而又鲜美；同一产地的火腿，味道好坏有若天渊之别；同样是台州产的干鱼，品质好坏如同冰雪和木炭的差别那么大。

其他众多的食材，都可以像上面说的这些推论出类似的特点。一般情况下做一桌好菜，厨师的功劳可以占到六成，另外四成的功劳应该归功于采购食材的人。

作 料 须 知

厨师的作料，就像妇女的衣服和首饰。有些女人虽然天生美貌，也会打扮，但是只有破衣烂衫，这样即使是西施也难以有好的形象。

精通烹调之道的人，他使用的酱油肯定是夏天酿造的伏酱，并且事先已经品尝了味道；他使用的油必定有独特的香味，分别了哪是生油哪是熟油；他使用的酒肯定是粮食酿造的酒，应该早就去掉了酒糟；他使用的米醋，必然是专门寻求来的清醇佳酿。他当然知道酱有清淡和浓郁之分，油有荤油和素油之别，酒有酸与甜的差异，醋有新醋和陈醋的不同，使用时不可以出现丝毫的错误。

其他如葱、椒、姜、桂、糖、盐等作料，虽然使用得不算多，但都应该挑选上品。比如苏州的商店卖的酱油，都标明了上、中、下三个等级。镇江醋颜色虽然很好，但是味道不够酸，没有了醋就是要酸的本性。我认为板浦醋第一好，浦口醋次之。

洗 刷 须 知

食材清洗的方法：燕窝要清洗掉燕子的羽毛渣，海参要清洗掉肠腔里的泥土，鱼翅要清洗掉混入的沙子，鹿筋要处理掉臊味。肉里面的筋脉，要剔除后才变得酥软；鸭子的肾有很浓的臊味，要将它剔除干净；杀鱼时不小心弄破了鱼胆，整盘鱼都会变苦；

鳗鱼的黏液若不清洗干净，满碗都是腥臭；韭菜择去叶子只保留白茎；青菜扔掉外面包着的老叶子就露出了菜心。《礼记》中的名篇《内则》写道："鱼要除掉鳃，甲鱼要除掉屁股。"说也是同样的道理。谚语说："若要鱼好吃，洗得白筋出。"也是这个道理。

调 剂 须 知

食物的调味方法，要看食材的情况来使用。有些食材要同时用酒和水来调味，有些只用酒不用水，有些只用水不用酒；有些食材要同时用盐和酱来调味，有些只用清酱不用盐，有些只用盐不用酱；有些食材太油腻，必须先用油煎烤，去掉多余的油腻；有些食材腥气太重，先要用醋喷洒表面，除掉腥气；有些食材的鲜味要用冰糖才能提取；有些食材要去掉多余的水分，味道才能进入内部，煎菜和炒菜就是这样来处理这些食材的；有些食材要有很多汤水才特别好吃，汤水让这些食材的味道发散出来，那些清淡而又容易浮在汤面上的食材就是为这种做法准备的。

配 搭 须 知

谚语说："要根据女人的自身条件来为她选择合适的丈夫。"《礼记》写道："人只能和同类的人相比较才可以判断其人。"烹调之道，又何尝不是这样呢？

任何食材要做成美味佳肴，必须要用配料。要让清淡的食材搭配清淡的配料，味道浓郁的食材搭配味道浓郁的配料，温和的食材搭配温和的配料，脆硬的食材搭配脆硬的配料，才可以产生水乳交融的美妙味道。

食材中既可以做荤菜又可以做素菜的，有蘑菇、鲜笋、冬瓜等；只可以做荤菜不可以做素菜的，有大葱、韭菜、茴香、新蒜等；只可以做素菜不可以做荤菜的，有芹菜、百合、刀豆等。常常看见有人做菜时把蟹粉放入燕窝，用百合搭配鸡肉或猪肉，这就相当于让唐尧和苏峻同坐一桌，不是很不合常情吗？当然也有荤素搭配而做出美味的，比如用素油炒荤菜，用荤油炒素菜等。

独 用 须 知

食材味道太浓郁的，只可以单独做成菜品，不要搭配其他配菜。就像唐朝的李绛和明朝的张居正这一类人物，必须让他们专权，才能充分利用他们的能力。

食材中的鳗鱼、甲鱼、螃蟹、鲥鱼、牛肉和羊肉等，都适合独自成菜，不用搭配其他食材。为什么呢？因为这些食材本身味道厚实，能够盖住其他食材的味道，其缺点也不少，必须用五味调和，用尽心力来烹调，才可以做出美味菜品而又吃不出这些菜品的不正之味。哪里还有闲心舍去这些食材的本味，而别生枝节呢？

南京一带的人喜欢用海参搭配甲鱼、鱼翅搭配蟹粉，我每次看到这种菜都会皱眉，觉得甲鱼和蟹粉的浓郁本味，海参和鱼翅都不能减弱它们的味道，反而是海参和鱼翅的不正之味，更多地浸透到甲鱼和蟹粉中去了。

火候须知

烹饪的方法中，最重要的是掌握火候。有些食材必须用大火，这就是煎炒的方法，如果用小火煎炒，食材将变得疲软难吃；有些食材必须用文火，这就是煨煮的方法，如果用猛火，食材就会变得枯干不滋润；有些食材要先用大火然后再用文火，需要收汤的菜品都是这样做的，如果性急只用大火，就会让食材变得表面枯干而里面没熟；有些食材可以越煮越嫩，比如腰子和鸡蛋之类；有些食材稍微多煮一会儿就会煮老，比如新鲜的鱼和蚌蛤贝类之类。

烹煮肉类食材，如果起锅晚了，肉的颜色就会从红色变成黑色；烹煮各种新鲜鱼，如果起锅晚了，鱼肉就会从鲜嫩变得干涩。烹煮食物时经常揭开锅盖，就会让汤产生更多泡沫，同时少了一些香气；烹煮食物时如果不小心让火熄了再点火继续烹煮，菜品就会走油而失去一些味道。

道家以九次提炼而成的仙丹为标准，儒家以无过无不及为目标，做厨师的能够懂火候而严格地掌握火候，几乎就是得道之人了。上桌的鱼菜，鱼肉的颜色白如玉，完整而不松散，就是鲜嫩的；鱼肉呈粉白之色，肉和肉没有连在一起，就是不好吃的死肉。明明是鲜鱼，却做成了不嫩鲜的鱼，可恨之极。

色臭须知

眼睛和鼻子，都在嘴巴的上边，也是嘴巴的媒介。佳肴美味首先到达眼睛和鼻子，颜色和气味就有了分别。有的纯净如同秋天的白云，有的明艳如同琥珀，佳肴的芬芳气息，同时扑鼻而来，不必用牙齿咬，不必用舌头品尝，就已经知道佳肴的美妙了。但是要知道为了让颜色好看不一定用糖炒色，为了让食物更香不一定要用香料，有些食材一用糖或香料来粉饰，就会破坏食材本身的至味。

迟速须知

一般人请客，在三天之前约定，自然有时间和精力去商议着准备各种菜品。如果在没有准备的情况下客人突然登门拜访，需要马上吃饭；或者你自己到外面旅行，在行船上或者投宿旅店时，需要马上吃饭，这种时候怎么可能用东海之水来救南池的火灾？必须事先预备一些可以救急的菜肴，比如炒鸡片、炒肉丝、炒虾米豆腐等等，可以快速做成的菜品，以及准备一些像糟鱼或火腿之类的熟食肉，反而可以因为快速成菜体现出厨师的手艺。学做菜时不可不知道这个道理。

变 换 须 知

　　每一种食材都有独特的味道，最好不要在一口锅里烹煮。就像圣人教育学生，都是根据学生的才能教导他们，不会把他们混在一起按一种方法教育，这就是常言说的"君子成人之美"。

　　现在有很多俗不可耐的厨师，动不动就把鸡肉、鸭肉、猪肉、鹅肉等放在一口锅里烹煮，这就造成了千个厨师只能做出雷同的菜品，味同嚼蜡。我觉得如果鸡、猪、鹅、鸭等有灵魂的话，一定会到地狱中的枉死城去告状喊冤。

　　那些善于烹饪的好厨师，不可能只用一口锅，他们必然要多准备一些锅灶盂钵之类的厨具，让每一种食材都可以做出独特的味道，一碗菜肴就只有一碗菜肴的味道，没有其他味道混进来。只有这样才可以让美食家们品尝到各种各样的美味，吃得心花怒放。

器 具 须 知

　　古话说："美食不如美器。"说得很有道理。但是用明朝宣德、成化、嘉靖、万历等年代的贵重瓷器来烘托食物，食客们必然害怕损伤瓷器，不能专心品尝美食，还不如直接使用现今御窑生产的瓷器，我觉得这些瓷器已经很雅致了。

唯一要强调的是适合用碗的菜一定要用碗，适合用盘子的菜一定要用盘子，适合用大瓷器的一定要用大瓷器，适合用小瓷器的一定要用小瓷器，大大小小的各种瓷器交错摆设在餐桌上，才会觉得食物也因此增色不少。如果刻板地按照十碗八盘的说法摆设食器，那就粗俗了。

一般来说，贵重的食材要用大瓷器，平常的食材就用小瓷器。煎炒的菜品适合装在盘子里，汤羹适合用碗。煎炒食物时要用铁锅，煨煮食物时要用砂罐。

上菜须知

上菜的方式方法应当如此：先上盐味重的菜品，后上清淡的菜品；先上味道浓郁的菜品，后上味道平和的菜品；先上没有汤的菜品，后上汤菜。再说天下原来就有五味，不可以整桌菜都只用咸盐这一种味道来调味。估计客人吃得有点饱了，脾胃已经困乏了，就要上一些辛辣食物让他们重振食欲；考虑到客人喝了很多酒，肠胃已经疲惫了，就要上一些酸的或甜的食物让他们提提神、醒醒酒。

时节须知

夏天的白天很长也很热，动物宰杀得太早，肉容易变质；冬天的白天很短也很寒冷，稍微晚一点烹饪，到天黑时菜肴还是生的。冬天适合吃牛羊肉，如果夏天吃，就不是时候了；夏天适合吃干腊制品，如果冬天吃，就不是时候了。

辅佐菜肴的作料，夏天适合用芥末，冬天适合用胡椒。三伏天的时候得到冬天腌制的食材，即使这些食材是用低贱的东西做成的，也是美食中的宝物；秋凉时节得到行鞭笋，此物本来很低贱，这时候也会被看成难得的美味。

有些食材在旺季之前食用很好吃，比如在三月吃鲥鱼就是这样的；有些食材在旺季之后食用很好吃，比如四月才吃芋头就是这样的。其他食材也可以这样类推。

有些食材过了时令就不要吃了，比如萝卜过时就会空心，山笋过时就会变苦，刀鱼过了时令就会骨头变硬。这就是所谓的四时有序，成功者之所以要退隐，是因为精华已经用尽，就应该提起衣衫走人。

多 寡 须 知

用贵重的食材做菜时用量要多，用低贱的食材做菜时用量要少。

用煎炒之法做菜时，食材用量过多，火力不能炒透食材，肉也不容易炒松脆。所以炒菜时用猪肉不要超过半斤，鸡肉和鱼不要超过六两。如果有人问："这样做出来的菜不够吃怎么办？"我说："等吃完后另外再炒一份就可以了。"

要用量多才好吃的菜，首推白煮肉，不用二十斤以上的肉，就会淡而无味；煮稀饭也是这样的，不用一斗以上的米就会导致浆汁不够浓稠，而且还要适当地用水，水多米少，稀饭的味道就会很淡薄。

洁净须知

刚刚切过葱的刀，不可以切笋；刚刚捣过花椒之类的臼，不可以捣其他粉类。闻到菜肴内有抹布气味，是因为洗碗的抹布不干净；闻到菜肴内有砧板气味，是因为使用的砧板不干净。"工匠要做好自己的事，必须先准备好各种工具。"好厨师必须先多磨刀、多换抹布、多刮洗砧板、多洗手，然后才可以做菜。那些吸到嘴边的烟灰、头上的汗水、灶上的苍蝇和蚂蚁、锅底的煤烟等等，一旦落入菜中，就算是绝好的大厨师做的菜，也会像西施沾染了脏东西，人们都会掩鼻而过。

用纤须知

俗称豆粉为纤，顾名思义就是比喻用豆粉勾芡就像用纤拉船。因为做肉菜的人，要做肉圆却不能让肉末黏牢，要做羹汤又不能做得太油腻，所以用豆粉来黏合。煎炒的时候，担心肉黏在锅上导致肉变得焦老，所以用芡粉保护肉。这是芡粉的要点，能理解这个要点再去使用芡粉，必然使用得恰到好处。否则乱用芡粉，就很可笑了，做出来的菜肴必然看上去一塌糊涂。《汉制考》中都把曲麨叫作媒，这个媒就是芡粉。

选 用 须 知

选用食材也有讲究，小炒肉要用猪的后臀肉，做肉圆要用猪的前夹肉，煨煮肉要用五花肉。炒鱼片要用青鱼和鳜鱼，做鱼松要用草鱼和鲤鱼。蒸鸡要用仔鸡，煨煮鸡要用阉过的公鸡，提取鸡汤要用老鸡。鸡要用母鸡才嫩，鸭要用公鸭才肥。莼菜要用菜头，芹菜和韭菜要用根茎。这些都有一定的道理，其他的食材可以类推。

疑 似 须 知

味道要浓厚，但不可以油腻；味道要清淡鲜美，但不可以淡薄。这看起来很像，实际上差之毫厘就会让味道差别巨大。

味道浓厚的菜肴，是为了更多吸取食材的精华而去掉其糟粕的做法，如果只是贪吃肥腻，还不如专门吃猪油。

清淡鲜美的菜肴，是为了品尝食物的本真味道而不要沾染俗物的做法，如果只是贪吃淡薄，还不如直接喝水。

补 救 须 知

好厨师做菜，咸淡合适，老嫩恰到好处，原本不需要补救之法。但不得已的时候还是要给中等的厨师讲一下补救的办法，那就是在做菜时调味，宁愿先淡一点也不要太咸，因为淡了还可以加盐补救，咸了就不能让菜肴再变淡了。做鱼时，宁愿把鱼煮得嫩一些也不要一下子就把鱼煮老，太嫩了还可以加火候补救，煮老了就不能让鱼肉变嫩了。这里的关键是，在所有菜肴下作料时，都要仔细观察火候和菜色，便可以理解其中的道理了。

本 分 须 知

满洲人做菜烧和煮用得多，汉人做菜喜欢做羹汤，是因为他们从小就学习这些做法，所以很擅长这些做法。汉人请满人吃饭，或者满人请汉人吃饭，都应该各自做自己擅长的菜肴，反而让客人吃起来觉得味道新鲜，这样才不会因为邯郸学步，而让食客觉得主人忘记了自己的本分，而在刻意讨好客人。汉人请满人吃满菜，或者满人请汉人吃汉菜，反而容易导致依样画葫芦，有名无实，这就是画虎不成反而画得像狗的道理。

秀才进考场，专心写自己擅长的文字，力求达到自己的顶级水平，自然会有人赏识。如果迎合某位宗师而模仿他的写法，或者迎合某位主考官而模仿他的写法，无异于用皮毛功夫，一辈子都不能考中。

戒 单

执政的官员为地方兴一利不如除去一弊端。厨师能够除去饮食中的弊端，就已经理解了绝大部分的饮食。因此写《戒单》。

戒 外 加 油

俗气的厨师做菜，动不动都熬一锅猪油，等到要上菜时，用勺子挖取猪油浇至各种菜肴，自以为这样做出来的菜很肥腻馋人。甚至像燕窝这样的非常清雅的食材，也经常被猪油污染。而俗人不知道这些，他们长吞大嚼，自以为吃了很多油水。所以知道这些人前生是饿鬼投胎而来的。

戒 同 锅 熟

在同一口锅中煮熟多种菜肴的弊端，已经记在前面的"变换须知"一条中。

戒 耳 餐

何为耳餐？耳餐就是只追逐食物的名声，吃的是贵重食材的名声，以夸耀自己的敬客之道，所以说这是耳餐，不是口餐。他们不知道一旦豆腐做出了好味道，远比燕窝好吃。海菜如果做得不好，还不如吃蔬菜。我曾经说过鸡、猪、鱼、鸭都是豪杰，它们各自有自己的本味，可以自成一家。海参、燕窝则是平庸鄙陋之辈，完全没有个性，只能寄人篱下。

我曾经见过某太守大宴宾客，用像水缸似的大碗，白煮了四两燕窝，没有丝毫味道，食客都争着夸赞这道菜。我笑着说："我们是来吃燕窝的，不是来贩卖燕窝的。"只可以贩卖不可以吃的燕窝，虽然有很多又有什么意思呢？如果只是要夸耀自己的面子，还不如直接在碗中放入一百颗明珠，价值万金，就算吃不得又如何？

戒 目 食

何为目食？目食就是贪图很多菜肴的意思。现在的人追慕"食前方丈"的虚名，把很多盘很多碗的菜肴堆叠在眼前，所以说是目食，不是用嘴巴在吃。他们不知道就算写字的名家，写多了必然会有败笔；就算是著名诗人写诗，写多了也必然有累赘的句子。就算名厨用尽了自己的心力，一天之中，他能够做出来的好菜也不过四五种而已，并且很难拿捏精准，何况要做那么多乱七八糟的菜，他怎么做得好呢？就算有很多人来帮忙，也会由于他们各自有各自的意见，完全没有纪律，人越多反而越不好。

我曾经到一个商人家里吃饭，上的菜多得换了三次席面，光点心就上了十六道，食品共计四十余种。主人自己觉得非常得意，而我散席后回到家里，仍然要煮稀饭来充饥，可以想见他的宴席有多么丰盛却一点都不雅洁。南朝的孔琳之说："现在的人喜欢摆设很多食品在席桌上，适合口味之外的那些菜品，都是用来取悦眼睛的。"我认为这样摆设的很多菜肴，有熏蒸之气和腥秽之味，连眼睛也不喜欢看。

戒穿凿

食物都有本性，不可以过分制作。有些食物自身就很精巧，比如燕窝本性就很好了，何必把它捶烂做成团状？海参本来就很可口，何必把它熬制成酱？西瓜被切开，稍晚一点吃就不新鲜了，竟然有人还要把它制作成糕点；熟透了的苹果，吃起来已经不脆了，竟然还有人把它蒸熟后制作成果脯。其他还有《遵生八笺》中记载的秋藤饼和李笠翁记载的玉兰糕，都是矫揉造作的食物，就像用杞柳枝条编织的杯盘，完全失去了大方本性。这就像那些平庸的德行，真正做到了家也可以成为圣人，何必刻意去隐居或行为怪异呢？

戒停顿

品尝食物的鲜味，全靠起锅后赶紧吃，就像要在刀刃极锋利时试刀那样。假如稍微停顿一会儿再吃，就像满布霉菌的衣裳，即使是锦绣罗衣，也显得晦暗沉闷而又陈旧，很可憎啊。

我曾经见过性急的主人请客，每次摆菜都要求把所有菜都一起端出来，于是厨师只好把一席的菜肴全部做好，放在蒸笼中，等到主人催促上菜时，全部摆上桌面。这里面还会有味道很好的菜肴吗？那些善于烹饪的厨师，一盘一碗的菜肴，都费尽心思制作，到了食客那里，他们吃相鲁莽粗暴，囫囵吞吃，真的是所谓得到哀家梨却拿去蒸熟了吃的蠢货。

我到粤东时，在明府杨兰坡家里吃鳝鱼羹觉得很好吃，探问其中秘技，杨兰坡说："只不过是现杀鳝鱼马上烹煮，煮熟了马上就吃，这之间没有停顿而已。"其他食物可以类推。

戒 暴 殄

粗暴的人不懂得体恤人的劳动，喜欢糟蹋东西的人不懂得珍惜食物。鸡、鱼、鹅、鸭，从头至尾都有美味之处，没必要只选取少部分而扔掉大部分。我曾经看见有人烹煮甲鱼，只选取甲鱼的裙边，他不知道甲鱼的滋味都在肉里；我也曾看见有人蒸鲥鱼，只选取鱼肚，他不知道鲥鱼最鲜美的部位是鱼背上的肉。

没有比腌蛋更低贱常见的食物了，腌蛋最好吃的是蛋黄而不是蛋白，然而去掉全部蛋白只要蛋黄，吃的人也会觉得索然无味。

我说这些话，并不是像俗人所说的是为了珍惜福分，假如暴殄有益于饮食，也是可以的。如果暴殄反而影响了饮食美味，又何苦如此呢？至于用炽热的炭火烧烤活鹅的鹅掌、用刀割取活鸡的鸡肝，都是君子不会去做的残暴行为。为什么呢？因为食物被人食用，可以将它宰杀，不可以让它求死不得。

戒 纵 酒

人事的是非，只有清醒的人能够辨别；食物味道的好坏，也只有清醒的人能够辨别。伊尹说："美味的精微之处，言语不能说清楚。"言语不能说清楚之处，那些喧哗酗酒的人又怎能识别味道的好坏呢？常常看见那些划拳的酒徒，吃好菜如同吃木屑，心不在食物上啊。所谓只以喝酒为重的人，怎么知道其他食物，而烹饪之道就这样全扫到地上了。万不得已必须喝很多酒的时候，可以先在正席上品尝菜肴的美味，然后等到吃完了再来比拼喝酒，也许这样可以两者兼顾。

戒 火 锅

冬天请客吃饭，惯用火锅，火锅对着客人喧腾，已经很讨厌了。而且各种食材的美味，都需要一定的火候才能做出来，有用慢火的有用烈火的，有要撤出柴块的有要添加柴块的，瞬息之间都不可以出错。现在一律用火锅来煮食，这些食物本来的味道还值得一提吗？最近有人用烧酒替代木炭，以为更好，而不知道食物经过多次滚煮，都会变味。

有人问："冬天的菜肴很快就冷了，怎么办？"我说："刚刚起锅的滚热的菜肴，不被客人马上吃完，还能够留在桌子上慢慢变冷，可见这种菜肴多么难吃了。"

戒强让

准备酒席宴请宾客，是礼仪。然而一种菜肴已经上桌，理应由客人自己拿筷子食用，或瘦肉或肥肉，或整块的或零碎的，客人各有所好，主人应该让客人自己选取，才是待客之道，何必强行要客人吃？经常看见有些主人用自己的筷子夹起食物，堆放到客人面前的盘子里，热情地要客人品尝，弄得盘子里杂乱，碗里满满，令人生厌。要知道客人很多都不是没有手和眼睛，也不是儿童和新妇，更不是害羞得宁愿饿也不吃东西的人，何必用乡村老妇人那种小家子见识来对待客人呢？这样怠慢客人也是很不好的。近年来的歌妓场馆里，尤其盛行此种恶习，她们用筷子夹起菜来，硬塞入客人嘴里，就像强奸，特别可恶。

长安城里有一位非常喜欢请客的人，而他家做的菜非常难吃，有一次有一个客人问他："我和你算不算好朋友？"主人说："当然是好朋友。"客人跪着说："果然是好朋友的话，我有个请求，你必须答应我的请求后我才站起来。"主人很惊讶地问："你有什么请求啊？"客人说："以后你家里请客吃饭时，求你不要再邀请我了。"在座的人都大笑起来。

戒走油

鱼、猪肉、鸡、鸭等肉类，虽然都是非常肥美的食材，但还是要让这些肉类的油保留在肉中，不要让油散落到汤里，这些肉类的鲜味才可以聚集在肉中而不飘散在肉外。如果肉里的油有一些飘落在汤里，则汤中的鲜味反而超过了肉味。

推究其中的原因有三个：一是因为火太猛造成的，滚煮太急了造成水很快就干了，只好反复加水；二是因为灶中的柴火突然熄灭了，时断时续地添加柴火造成的；三是由于太想看看烹饪的情况，多次揭开锅盖，如此就造成了走油。

戒落套

唐诗最好，而五言八韵的科举答卷，虽然是名家写的也不选入诗集中，为什么呢？是因为这些诗往往落入俗套的缘故。诗尚且如此，食物也应该这样。

现在的官场中盛行的菜品，名号有"十六碟""八簋""四点心"的说法，还有"满汉席"的说法，还有"八小吃"的说法，还有"十

大菜"的说法，这种种俗气的名目，都是坏厨师的陋习，只可以用于新的亲朋初次上门时，或用于上司到来时，以这些东西敷衍应付，再给椅子配上椅披、桌子配上桌布，摆好屏风和香案，三揖百拜才让他们称心。

如果是在家里欢宴宾客，或者为饮酒赋诗而办的酒席，怎么可以用这一类恶俗的套路呢？必须要把杯盘碗碟摆放得错落有致，整块的菜肴和散装的食物也要交替上桌，这样才有大家气象。我家里办寿宴或婚席时，动不动都达到五六桌酒席，只好传唤外面的厨师来帮忙，也不免落入俗套，但是经过我训练过的仆人，按我的规矩办事，酒桌上的菜肴的味道终究和俗套不一样。

戒混浊

混浊，并不是评说味道浓厚的说法。同样方法做出来的汤，看上去不黑不白，好像是水缸中搅浑的水，就是混浊；同样方法做出来的卤汁，吃起来不清爽也不油腻，好像是染缸里倒出来的浆汁，就是混浊。这样的色味都令人难以忍受。

要避免做出这种菜肴的办法，只有把食材本身洗干净，同时善加作料，在旁边察看水分和火候，尝尝酸咸等等味道，不要让客人吃起来有隔皮隔膜似的讨厌感觉。

庾子山评论文章之法时说："索索无真气，昏昏有俗心。"这就说出了混浊的意思。

戒苟且

任何事都不要马虎，饮食之事尤其如此。做厨师的人，很多都是素质低下的小人，一天不加以赏罚，就会怠慢贪玩。他们做的菜肴，如果火候不够也勉强吃下去，那么他们明天做的菜必然更加不好。已经失去真味的菜肴如果隐忍着不说，他们下一次做羹汤必然更加草率。而且必须做到不要一味地空赏空罚，他们做得好吃时，必须指出他们之所以做得好吃的原因；做得不好吃时，必须要求他们找到不好吃的原因。所有菜品的咸淡要求恰到好处，不可以有丝毫的加减，上菜时间必须恰当，不可以随意上菜。如果厨师偷懒，吃的人也随便吃下去，都是饮食中的坏习惯。审查追问、细思明辨，是做学生的方法；随时指点、教和学相互促进，是做老师的方法。这对于饮食而言何尝不是如此啊！

海鲜单

古代的美食八珍中并没有海鲜的说法。

现在世俗喜欢海鲜，我不得不从众，

因此写《海鲜单》。

燕 窝

　　燕窝是昂贵的食物，一般都不轻易使用。如果要用燕窝，每碗必须用足二两，先用天然泉水烧开后泡发，用银针挑去黑丝。用嫩鸡汤、好火腿汤和新鲜蘑菇汤三种汤一起滚煮燕窝，看燕窝变成玉色就行了。

　　燕窝是非常清新的食材，不可以和油腻食材混煮；燕窝也是非常软和的食材，不可以用比较硬朗的食材混煮。现在有人用肉丝或鸡丝和燕窝混煮，这是吃鸡丝和肉丝，不是吃燕窝。并且还有人只是喜欢燕窝的美名，往往用三钱生燕窝撒在一碗面条上，像几根白头发，食客用筷子一搅拌就看不见了，只看见满碗粗俗的食物。真正是乞丐卖贵东西，贵重之物反而看起来像是贫贱之物了。万不得已要添加一些食材，那么蘑菇丝、笋尖丝、鲫鱼肚和嫩野鸡片还可以用。

　　我到广东时，杨明府家里做的冬瓜燕窝很好吃，用柔和的食材搭配柔和的食材，用清新的食材搭配清新的食材，多用一些鸡汤和蘑菇汤。燕窝煮熟后都呈现玉色，不可能是纯白色。把燕窝搅拌成团状物，或者敲打成面片形状的做法，都是穿凿附会的做法。

海 参 三 法

海参，本是没有味道的食材，但腔肠中沙子比较多而且气味很腥，最难做好。海参天生适合用味道浓重的食材搭配，决不可以用清汤煨煮。必须挑选小刺参，先浸泡去掉泥沙，再用烧开的肉汤泡三次，然后用鸡汁、肉汁红烧后煨煮得烂熟，用香菇和木耳做辅料，因为这两种食材都是黑色的，和海参的颜色比较接近。一般情况下，如果明天请客，那么就要提前一天煨煮，海参才会烂熟。

曾经在钱观察的家里见他们在夏天做海参，用芥末和鸡汁做凉拌海参丝，很好吃。或者把海参切成小丁，用笋丁和香菇丁一起加入鸡汤中做海参羹。蒋侍郎的家里用豆腐皮、鸡腿和蘑菇煨煮海参，也很好吃。

鱼 翅 二 法

鱼翅不容易煮烂，必须煮两天，才可以把硬刺煮得柔软。有两种做法：用好火腿、好鸡汤，加鲜笋和一钱左右的冰糖，煨煮到烂熟，这是一种方法。用纯鸡汤氽煮细萝卜丝，拆碎的鱼翅和细萝卜丝混一起煮，两种食物都漂浮在汤面上，让食客分辨不出哪些是萝卜丝哪些是鱼翅，这是又一种做法。用火腿那种做法，汤要少；用萝卜丝那种做法，汤要多。总是要做成融洽柔腻才好吃。如果海参坚硬碰到鼻子，鱼翅硬直滑出盘外，就成笑话了。

吴道士的家里做鱼翅时，不用鱼翅的下半部分，只用鱼翅上半部分的原根，也有风味。萝卜丝必须两次余汤两次出水，才能去掉萝卜的味道。曾经在郭耕礼的家里吃过鱼翅炒菜，味道美妙之极，可惜未能让他传授这个做法。

鳆鱼

鳆鱼炒薄片很好吃。杨中丞的家里将鳆鱼削片，放进鸡汤豆腐中煮，叫作"鳆鱼豆腐"，上面浇一些滚热的陈糟油。庄太守的家里用大块的鳆鱼煨煮整只的鸭子，也算别有风味。但鳆鱼肉质比较坚韧，不能只凭牙齿咬，要煨煮三天，才容易咬碎。

淡菜

淡菜煨煮肉汤，很鲜美。取淡菜肉去掉肉内泥沙，用酒炒也可以。

海螺

海螺，宁波出产的一种小鱼，味道像虾米，用来蒸蛋很好吃，单独做成小菜也可以。

乌鱼蛋

乌鱼蛋最鲜美，但最不好制作。必须用滚开的河水把乌鱼蛋烫透，去掉泥沙和腥味，再加鸡汤和蘑菇煨煮得烂熟。司马龚云若的家里做的乌鱼蛋最精美。

江瑶柱

江瑶柱是宁波的特产，做法与蚶子、蛏子之类的做法相同。江瑶柱的鲜脆部分在肉柱，所以剖开贝壳时，要多扔掉一些肉，只要少量的肉柱。

蛎黄

牡蛎生在岩石上，牡蛎壳与岩石粘在一起不好分开。剥出贝壳中的肉做羹汤，和蚶、蛤之类的做法相似。牡蛎又名"鬼眼"，是浙江乐清和奉化这两个县的土产，其他地方没有。

江鲜单

东晋郭璞写的《江赋》中记载了很多鱼类。我现在挑选常见的几种鱼的吃法。因此写《江鲜单》。

刀 鱼 二 法

刀鱼用极甜的酒酿和清酱码味，放入盘子中，就像做鲥鱼的方法，蒸熟最好吃，不必加水。如果嫌刺太多，就用非常锋利的刀削切成鱼片，用钳子抽出鱼刺，再用火腿汤、鸡汤或者竹笋汤煨煮，味道鲜美无比。南京人怕刀鱼刺多，竟然将刀鱼用油炸得枯焦，然后再煎炒。谚语说："驼背夹直，这个人就不能活了。"这就像在说南京人做刀鱼啊。又有人用锋利的刀，从鱼背斜切刀鱼，把鱼骨鱼刺全部剁碎，再下油锅煎炸成金黄色，再加作料，等到吃的时候竟然不知道有鱼骨，这是芜湖陶大太的吃法。

鲥 鱼

鲥鱼用甜酒蒸熟了吃，像蒸刀鱼的做法就很好吃。或者直接用油煎，加清酱、酒酿调味，也好吃。万万不可把鲥鱼切成碎块，加鸡汤煮，又或者切掉鲥鱼的背脊，专门用鱼肚皮做菜，这两种做法都会让鲥鱼丢失真味。

鲟 鱼

尹文端公自夸做的鲟鱼最好吃。但是，他做的鱼都煨煮得太熟了，我嫌味太重了。只有在苏州唐家里吃过的炒鲟鱼片才真正

好吃。其做法是：将鲟鱼切成鱼片下锅油爆，加酒和酱油在烧沸的汤水中看着鱼片翻滚三十次，下冷水，等汤水再次滚开后迅速起锅。加作料，作料中多用一些瓜、姜和葱花。还有一种做法：将鲟鱼在白水里煮得翻滚十次，捞起，去掉大骨，鱼肉切成小方块，鲟鱼头也切成小方块。鸡汤烧开去掉浮沫，先把鱼头煨煮至八分熟，下酒和酱油，再下鱼肉，煨煮至二分烂，起锅，加葱花、花椒和韭菜，加一大杯姜汁。

黄 鱼

黄鱼切小块，用酱油和酒码味一个时辰，再沥干水分。入油锅爆炒成两面黄色，加一茶杯金华豆豉，一碗甜酒，一小杯酱油，一起煮沸。等到汤汁变干发红时，加糖，加瓜、姜收汁起锅，吃起来味道深厚浓郁。还有一种做法：将黄鱼去骨后鱼肉撕碎，加入鸡汤做黄鱼羹和少量甜酱水，用茨粉收汁起锅，也很好吃。黄鱼也是本味浓厚的鱼类，不可以用清蒸一类的做法。

班 鱼

班鱼肉最嫩，剥皮，去掉脏东西，分别有鱼肝和鱼肉两种可以吃。用鸡汤煨煮，下三分酒，二分水，一分酱油。起锅时，加一大碗姜汁，加几根葱，用来去掉腥气。

假 蟹

　　二条黄鱼煮熟，去骨，只用鱼肉。加四个生盐蛋，打散，不拌入鱼肉。起油锅爆炒鱼肉，下鸡汤烧开，加生盐蛋搅拌均匀，再加香菇、葱花、姜和酒。吃的时候可以考虑蘸点醋。

特牲单

猪肉用得最多，可称为『广大教主』。古人有把祭祀的猪肉互相赠送品尝的礼仪，因此写《特牲单》。

猪 头 二 法

把五斤重的猪头洗干净，用三斤甜酒；七八斤重的猪头，用五斤甜酒。先把猪头下锅用甜酒滚煮，加三十根葱和三钱八角，煮到锅中酒汁翻滚二百多次，再加一大杯酱油和一两糖。等到煮熟后尝一尝咸淡，再考虑加多少酱油。添加开水，要超过猪头一寸，猪头上压重物，大火猛煮一炷香的时间，退出大火，改用小火慢慢煨煮，收汁时以保持猪头肉的滑腻为准，熟烂后要马上打开锅盖，慢了就会让油水流失。另一种做法是：打制一只木桶，中间用大铜片隔开，把猪头洗干净，加作料，放进木桶中，封闭木桶口，用文火隔着汤水蒸，猪肉蒸得烂熟，而猪头的腻垢都流到了木桶外边，也很妙。

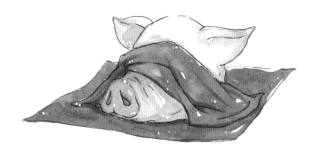

猪蹄四法

用一只蹄膀，不用猪爪，白水煮烂，去掉汤水，加一斤好酒、半酒杯清酱、一钱陈皮和四五个红枣，煨煮得烂熟。起锅时，泼洒一些葱花、花椒末和酒，去掉陈皮和红枣，这是一种做法。又有一种做法：先用虾米熬的汤代替水，加酒和酱油煨煮蹄膀。又有一种做法：用一只蹄膀，先煮熟，用素油把猪皮炸皱，再加作料红烧煨煮。有些土人喜欢先吃带皱的皮，说这是"揭单被"。又有一种做法：一个蹄膀，用两个钵扣合装起，加酒和酱油，隔开滚水蒸熟，不超过二支香的时间，叫作"神仙肉"。钱观察的家厨做的最好吃。

猪爪、猪筋

专选猪爪，剔除大骨，用鸡肉熬的清汤煨煮。蹄筋的味道和猪爪相同，可以搭配。如果有好的猪腿猪爪，也可以加进去。

猪　肚　二　法

　　将猪肚洗干净，选用最厚实的那部分，剔除上下两层皮，只要中间部分，切成骰子形状的小块，在滚油里爆炒，加作料起锅，炒得非常脆最好吃。这是北方人的做法。

　　南方人的做法是在白水里加酒，煨煮猪肚约二支香的时间，煮到熟烂为止。蘸着清盐吃，也可以；或者加鸡汤和作料，煨煮烂熟后切片，也好吃。

猪　肺　二　法

　　猪肺最难清洗，第一步是要挤掉肺管中的血水，剔除包衣；敲打扑打，正挂倒挂，抽血管割薄膜，是最细致的功夫。用酒水滚煮一天一夜，猪肺缩小如同一片白色芙蓉花，漂浮在汤面上，再加作料，吃起来像吃肉泥。少宰汤西厓宴请客人，每碗四片，已经用了四块猪肺了。现在的人已经不下这等功夫了，只是把猪肺撕成碎块，加鸡汤煨煮熟烂，也好吃。如果用野鸡汤煨煮，更好吃，是因为用清汤配清爽食材的缘故。用好火腿煨煮猪肺也可以。

猪　腰

　　腰片炒久了会变得枯干，炒嫩了又让人担心没炒熟。不如煨煮烂熟，蘸椒盐吃为好，或者加作料也可以。煮熟的猪腰只能用手撕着吃，不要用刀切。但需要煨煮一天的时间，才可以煮得烂熟如泥。猪腰只适合单独做菜，绝对不可以加到别的菜品中，因为猪腰最容易夺味而让其他菜粘上腥味。猪腰煨煮三刻就会变老，煨煮一天反而变嫩。

猪　里　肉

　　猪里脊肉，精瘦而且细嫩。很多人不会吃。我曾经在扬州谢蕴山太守的酒席上，吃过一种猪里脊肉，非常甘美。他们说是将里脊肉切片，用芡粉揉和成一小把一小把的，再加入虾子汤中，加香菇和紫菜，清汤煨煮，一熟便起锅。

白片肉

必须是自家养的猪，宰杀后把猪肉入锅，煮到八分熟时熄火，猪肉就泡在汤水里，一个时辰后才取出来。选取猪身上经常活动的肉，切薄片上桌，要不冷不热，以温和为好。这是北方人擅长的菜。南方人按照这个方法做，总是做不好。而且是零零星星从市场上买的肉，也很难用这种做法。贫寒士人请客，宁愿用燕窝，也不用白片肉，是因为没有那么多猪肉来做白片肉。割取白片肉的方法是用小快刀切片，最好选取肥瘦相间、横切斜切都有小块肥瘦混杂的猪肉，这与孔子说的"切割得不方正的肉不吃"的话完全相反。在猪身上，肉的名称很多，满洲人说的"跳神肉"最奇妙。

红煨肉三法

有用甜酱的，有用酱油的，也有不用酱油和甜酱的。每一斤肉，用三钱盐，纯酒煨煮，也有用水煨煮的，但必须熬干水分。三种做法做出来的肉都红得像琥珀，不可以加糖炒色。起锅早了肉是黄色的，火候恰当才是红色的，起锅太晚了肉就变成紫色，而且瘦肉都变硬了。经常揭开锅盖察看，猪肉中的油就会流失，而味道全在油水里。一般情况下，切割得很方正的肉也要熟烂到不见明显的棱角，吃到嘴里连瘦肉都化了才好。全部做法都主要靠掌握火候。谚语说："紧火煮粥，慢火煨肉。"真是至理之言啊。

白 煨 肉

每一斤肉，用白水煮到八分熟，取出来去掉汤水。用半斤酒和二钱半盐，煨煮一个时辰。再用原汤加入一半汤水，滚煮得汤水和油腻都变干，再加葱花、花椒、木耳、韭菜之类的配菜。先用大火后用慢火。又有一种做法：每一斤肉，用一钱糖、半斤酒、一斤水和半茶杯清酱。先放酒，肉滚煮一二十次，加一钱茴香，加水焖烧到熟烂，也好吃。

油 灼 肉

将五花肉切成方块，剔除白筋，用酒和酱码味，入滚油中煎炸，让肥肉不腻、瘦肉酥松。将要起锅时，加葱和蒜，稍微洒一点醋。

干 锅 蒸 肉

先用小瓷钵装肉，将肉切成方块，加甜酒和酱油。再装进大钵内，封好钵口。放入蒸锅内，下面用小火干蒸，不超过两支香的时间，不用加水。酱油和酒的多少，看肉的多少而定，要淹盖住肉面。

盖碗装肉

放在手炉子上蒸煮。做法与干锅蒸肉相同。

磁坛装肉

将瓷坛放在燃烧的稻谷壳上慢慢煨煮。做法与干锅蒸肉相同。都必须封口。

脱沙肉

猪肉剔去皮切成碎末，每一斤猪肉用三个鸡蛋，蛋清蛋黄都要用，和肉末一起搅拌均匀，再剁碎。加半酒杯酱油和葱花，搅拌均匀，用一张网油包裹。外面再用四两菜油，煎两面，起锅去掉油脂。用一茶杯好酒和半酒杯清酱，焖煮熟透，取出来切成片。肉面上加韭菜、香菇和笋丁。

晒干肉

瘦肉切成薄片，在烈日下暴晒，晒干就可以了。用陈年大头菜夹住肉片，干炒。

火腿煨肉

火腿切成方块，放入冷水，烧开后在汤里翻滚三次，去掉汤水，沥干水分；猪肉切成方块，放入冷水，烧开后在汤水里翻滚二次，去掉汤水，沥干水分。两种食材放入清水里煨煮，加四两酒、葱、花椒、笋和香菇。

台鲞煨肉

做法与火腿煨肉相同。干鱼容易煮烂，必须猪肉煨煮到八分熟时，再加干鱼。这道菜凉了之后就叫作"鲞冻"。是绍兴人做的菜。如果干鱼不好，就不必用了。

粉 蒸 肉

用半肥半瘦的肉，米粉炒成黄色，一起用面酱搅拌均匀，肉下用白菜铺垫，上笼蒸熟。蒸熟后不仅仅是肉味鲜美，菜也鲜美。因为不加水，所以肉味得到保全。是江西人做的菜。

熏 煨 肉

先用酱油和酒将肉煨煮好，连肉带汁在燃烧的木屑上稍微熏一会儿，不要太久，使肉块半干半湿，非常香嫩。儒学老师吴小谷的家厨做得特别精细。

芙 蓉 肉

一斤瘦肉，切成片，从清酱里拖过，风干一个时辰。用四十个大虾肉，二两猪油，切成骰子般大小，再将虾肉放在猪肉片上，一只虾放一片肉，一起敲打扁平，用开水煮熟后取出来。熬半斤菜油，将肉片放在有眼的铜勺子内，用滚油浇烫熟透。再用半酒杯酱油、一杯酒和一茶杯鸡汤，熬到滚沸，浇到肉片上，加蒸粉、葱、花椒后起锅。

荔枝肉

将肉切成大骨牌般大小的片，在白水中滚煮二三十次，起锅；用半斤熟菜油，将肉放入炸透，起锅，用冷水浸泡，肉皮就皱了，捞起来；将肉放入锅中，用半斤酒、一小杯清酱和半斤水，煮得烂熟。

八宝肉

用一斤肉，半肥半瘦的，白水里滚煮一二十次，切成柳叶形状的片。准备好二两小的淡菜、二两像鹰爪的茶芽、一两香菇、二两花海蜇、四个去了皮的核桃仁、四两笋片、二两好火腿和一两麻油。将肉入锅，用酱油和酒煨煮到五分熟，再加配料，最后下海蜇。

菜花头煨肉

选取台心菜的嫩花，稍微腌制一下，晒干后用来煨肉。

炒肉丝

猪肉切成细丝，剔除白筋、猪皮和骨头，用清酱和酒码味。先熬菜油，看到白烟变成青烟，下肉丝炒匀，一边不停地翻炒，一边加蒸粉、一滴醋、一点点糖、葱白、韭菜和大蒜之类的作料，只能炒半斤肉丝，火要用猛火，不要加水。又有一种做法：用菜油爆炒后，用酱水和酒稍微煨煮一会儿，起锅时肉丝变红，加韭菜味道特别香。

炒肉片

将半肥半瘦的猪肉切成薄片，用清酱拌几下，入锅用菜油翻炒，听见肉片发出响声，立即加酱、水、葱、瓜、冬笋和韭菜嫩芽，起锅前火要用猛火。

八宝肉圆

半肥半瘦的猪肉,剁成很细的肉泥,用松仁、香菇、笋尖、荸荠、瓜、姜之类的配料,也剁成细末,加芡粉,把肉泥和配料末和好,捏成肉圆,放入盘子中,加甜酒和酱油蒸熟。入口酥松爽脆。家致华说:"做肉圆的肉要用刀切碎,不要用刀剁细。"一定是他有另外的见解。

空心肉圆

将猪肉捶打成肉泥后码味,用一小团冻猪油做馅,放入肉圆内,蒸熟,猪油流进猪肉,而肉圆空心了。这种做法镇江人做得最好。

锅 烧 肉

猪肉煮熟，不去皮，放入麻油中煎炸，然后切成块，洒上盐。或者蘸清酱吃，也可以。

酱 肉

肉要先稍微腌制一下，用面酱涂抹肉块，或者只用酱油码味，风干。

糟 肉

要把肉先稍微腌制一下，再加米酒糟。

暴 腌 肉

用少量盐抹擦肉块，三天内就可以吃了。以上三种做法，都是冬天做的菜，春夏都不适合做。

尹文端公家风肉

杀一头猪，猪肉砍成八块，每一块肉都用四两炒盐，细细抹擦，最细微的地方都要用盐抹擦。然后高挂在有风又晒不到阳光的地方，偶尔被虫咬过之处，用香油涂抹。夏天时取下来吃，先在水中浸泡一夜，再煮熟，水不能太多也不要太少，刚刚淹过肉面就可以了。削肉片时，用快刀横切，不要顺着肉丝走向切。这种肉只有尹府做得精美，常常用来进贡皇帝。如今的徐州风肉做不到这么好，也不知道是什么缘故。

家乡肉

杭州家乡肉，质量好坏不一样，有上、中、下三个等级。一般情况下，味道清淡而鲜美，瘦肉可以横着咬断的家乡肉是最好的。存放时间长了就是好火腿。

笋煨火肉

冬笋切成方块，火腿肉也切成方块，一起煨煮。火腿要先洗两次除去盐水，再加冰糖煨煮熟烂。别驾席武山说："火腿肉煮熟后，如果留待第二天吃，必须留下原汤，第二天将火腿投入原汤中滚煮一下才好吃。如果离开原汤的火腿干放着，就会因风干脱水而让肉变得干枯；如果用白水再煮一次，味道又淡了。"

烧 小 猪

宰杀一只六七斤重的小猪，用钳子夹去毛，除去内脏和污垢，用叉子挑到炭火上烧烤。要四面都一起烧烤，烤成深黄色就可以了。猪皮上用奶酥油慢慢涂抹，多次涂抹多次烧烤。吃的时候香酥为上品，香脆次之，需要硬撕才能吃则为下品。旗人有只用酒和酱油蒸熟的，也只有我家龙文弟学会了这种做法。

烧 猪 肉

凡是烧猪肉时，要有耐性。先烧烤里面的肉，让猪油流进猪皮内，这样就能够让猪皮松脆而且味道不流失。如果先烧烤猪皮，猪肉上的油就会全部滴落到火里，既把猪皮烤焦了，又让味道不太好。烧小猪也是这样的。

排 骨

选用半肥半瘦的勒条排骨，抽掉中间的直骨，用葱替换直骨，烧烤时用醋和酱不断地刷在排骨上，不要烤得太干了。

罗蓑肉

按照做鸡肉松的做法做，保留完整的猪皮盖在表面上，将皮下的瘦肉斩切成碎肉，加作料煮熟。聂厨师能做这道菜。

端州三种肉

一种是罗蓑肉。一种是锅烧白肉，不加作料，用芝麻和盐拌匀即可。一种是猪肉切片煮熟，再用清酱凉拌。三种菜品都适合家常吃。端州的聂厨师和李厨师会做这些菜，我特叫家厨杨二去学做。

杨公圆

杨明府做的肉圆，大如茶杯，非常细腻。尤其是肉汤非常鲜美洁净，入口酥香。大概是因为猪肉的筋节剔除得很干净，斩剁得非常细茸，肥肉和瘦肉各用一半，用芡粉和匀。

黄芽菜煨火腿

用好火腿，削掉外皮，剔除
油脂，只用瘦肉。先用鸡汤，
将火腿外皮煨煮酥烂，再将
火腿肉煮熟，接着放黄芽菜
心。黄芽菜心要连根一起切成
段，大约切成二寸长。再加很甜的酒
酿和水，连续煨煮半天。此菜吃起来非常鲜美，肉和菜都是入口
即化，而菜根和菜心一点都没有煮得散乱。汤也美味之极。这是
朝天宫道士的做法。

蜜火腿

选取好火腿，连皮一起切成大方块，用蜜酒煨煮烂熟，最好
吃。但火腿的质量好坏高低，有天渊之别。就算是出自金华、兰
溪和义乌这三处著名产地，也是有名无实的居多。这些地方出产
的不好的火腿，还不如自己做的腌肉。只有杭州忠清里的王三房
的家里做的火腿，四钱买一斤，很好吃。我在尹文端公的苏州公
馆吃过一次，其香味隔壁都能闻到，非常鲜美，此后再也没有遇
到这么好吃的火腿了。

杂牲单

牛、羊、鹿，这三种牲口，不是南方人平常时节能吃到的肉类，但是不可以不知道这三种肉类食材的做法，因此写《杂牲单》。

牛　肉

买牛肉的好办法是：先到各个肉铺去下定金，将各个肉铺的腿筋夹肉处的牛肉都买来凑合在一起，这种牛肉不肥不瘦，然后带回家中。将这些牛肉的皮膜剔去，用三分酒和二分水清煨到熟烂，再加酱油收汤汁。这是因为牛肉味道独特，适合单独烹饪，不可以搭配其他东西。

牛　舌

牛舌最好吃。去掉表皮，撕掉皮膜，切成肉片，和牛肉一起煨煮。也有在冬天腌制后风干的牛舌，过一年之后吃，味道很像好火腿。

羊　头

羊头上羊毛一定要剔除干净，如果有剔除不掉的羊毛，就用火把它烧掉。把洗干净的羊头切开，煮得烂熟后去掉骨头。口腔里的老皮，都要剔除干净。将羊眼睛切成两块，去掉黑皮，不用眼珠，切成碎丁。选老肥母鸡熬成的汤煮羊头肉，加香菇、笋丁、四两甜酒和一杯酱油。如果想吃辣味，就加十二颗小胡椒和十二段葱节；如果想吃酸味，就加一杯好米醋。

羊 蹄

煨煮羊蹄，按煨煮猪蹄的方法做，可以做成红汤和白汤两种。一般情况下用清酱煨煮的是红汤，用盐煨煮的是白汤。山药适合搭配羊蹄。

羊 羹

将熟羊肉切成小块，像骰子那么大。用鸡汤煨煮，加笋丁、香菇丁和山药丁一起煨煮。

羊 肚 羹

将羊肚洗干净，煮得烂熟后切成丝，用煮羊肚的原汤煨煮，加胡椒或者醋都可以。北方人的炒羊肚做法，南方人用同样方法不能做得像北方人做的那么脆嫩。

钱玙沙方伯家做的锅烧羊肉很好吃，我要去求教做法。

红 煨 羊 肉

和红煨猪肉的做法一样。加打孔的核桃，放进肉汤里可以去掉羊膻味，这是古老的方法。

炒羊肉丝

和炒猪肉丝一样。可以用芡粉,肉丝切得越细越好。拌入葱丝。

烧羊肉

羊肉切大块,要有五斤到七斤那么重,用铁叉叉到火上烧烤。味道果然甘美香脆,容易引起宋仁宗夜半想吃羊肉那种想法。

全羊

全羊的做法有七十二种,值得一吃的不过十八九种而已。这是屠龙的高超技术,家厨学不会。还是一盘一碗全是羊肉而味道又各不相同才好。

鹿肉

鹿肉不能轻易得到,得到鹿肉要赶紧烹煮,鹿肉比獐肉更鲜嫩。可以烧鹿肉,也可以煨煮鹿肉。

鹿 筋 二 法

鹿筋很难煮烂熟。必
须提前三天制作，先捶打
鹿筋再入锅煮，反复绞挤
出鹿筋中的腥臊水分，重新
加肉汁汤煨煮，再用鸡汤煨煮，加
酱油和酒，最后稍微用点芡粉收汁。不添加其他东西，此菜就是
白色的，用盘子装；如果加火腿、冬笋和香菇一起煨煮，此菜就
是红色的，不用收汁，用碗装起。白色的，加花椒细末。

獐 肉

烹煮獐肉，和烹煮牛肉、鹿肉的方法是一样的。可以做肉脯，
虽不如鹿肉鲜美，但比鹿肉细腻。

果 子 狸

果子狸，很难得到新鲜的。腌干的果子狸，加很甜的酒酿，
蒸熟，快刀切片上桌。先用淘米水泡一天，除掉腌肉上的盐垢，
我觉得比火腿更嫩更肥。

假 牛 乳

用鸡蛋清拌很甜的酒酿，用筷子搅拌融合，上锅蒸，要蒸得细腻嫩滑，火候过了就会变老，蛋清太多也会变老。

鹿 尾

尹文端公为美味排等级，鹿尾排第一。可是南方人不能经常得到鹿尾，从北京运来的鹿尾，又觉得不新鲜。我曾经得到过很大的鹿尾，用菜叶包裹蒸熟，味道果然不同。鹿尾最好吃的部位，是尾巴上的一条肥肉。

羽族单

鸡的功劳最大，众多菜肴都要依赖鸡才能做成美味。如同真正行善的人做了很多善事而别人并不知道。所以我要让鸡在羽族中居于首要位置，其他禽类排在鸡的后面。因此写《羽族单》。

白 片 鸡

肥鸡片成的白片，当然是像古代祭祀用的太羹和玄酒这样的本味食物。尤其适合到乡村去、住旅店，来不及做更多菜品等时候，做白片鸡最节省时间也最方便。煮鸡时不要放太多的水。

鸡 松

一只肥鸡，只用两个鸡腿，去掉筋骨，剁碎，不要划破鸡皮。与鸡蛋清、芡粉和松子仁一起剁成小块。如果鸡腿不够用，添加切成方块的鸡脯肉。这些鸡块都用香油煸炒成黄色，起锅，放入蒸钵内，加半斤百花酒、一大杯酱油和一铁勺鸡油，加冬笋、香菇、姜和葱等等。再将剩下的鸡骨和鸡皮一起盖在表面上，加一大碗水，入蒸笼蒸得烂熟，吃的时候去掉盖在表面的这些鸡骨、鸡皮。

生 炮 鸡

小嫩鸡斩成小方块，用酱油和酒码味，要吃的时候，放进滚油中油炸，起锅后又油炸，连续油炸三次，装盘，用醋、酒、芡粉和葱花浇在上面。

鸡 粥

一只肥母鸡，将两片鸡脯肉去皮后仔细地刮成肉末，或者用刨刀也可以，只能刮和刨，不可以斩切，斩切的鸡脯肉就不鲜美了。再用剩下的鸡肉熬汤，下鸡脯肉肉末。吃的时候加细米粉、火腿屑和松子仁，都拍碎放入鸡汤。起锅时放葱和姜，浇热鸡油。或者去掉鸡汤内的渣，或者不去掉，都可以。适合老人吃。一般情况下，斩碎的鸡肉熬成的鸡粥要去掉渣，刮刨的不去渣。

焦 鸡

肥母鸡清洗干净，整只下锅煮，加四两猪油、四个茴香，煮到八分熟，捞出来，用香油炸成黄色，再放入原汤熬成浓汤，再用酱油、酒和整根葱收汁起锅。要上桌前，把鸡片成碎片，并用原汁浇鸡肉，或者凉拌蘸作料吃也可以。这是杨中丞家里的吃法，方辅兄家里做的也好吃。

捶 鸡

将整只鸡捶烂，加酱油和酒煮熟。南京太守高南昌家里做得最好吃。

炒 鸡 片

鸡脯肉去掉鸡皮，切成薄片。用豆粉、麻油和酱油拌匀，用
芡粉调和，再用鸡蛋清拌匀，快要下锅时，加酱、瓜、姜和葱花。
必须用很旺的火炒鸡片。一盘菜里最好不要用超过四两的鸡肉，
火候才能炒透。

蒸 小 鸡

用小嫩鸡，整只鸡放入盘子内，上面加酱油、甜酒、香菇和
笋尖，在饭锅上面蒸熟。

酱 鸡

一只生鸡，用清酱浸泡一天，取出来挂起风干。这是冬天的
菜品。

鸡 丁

用鸡脯肉，切成骰子大小的鸡块，入滚油里爆炒，用酱油和
酒收汁起锅，加荸荠丁、笋丁和香菇丁拌匀，汤色以黑色为好。

鸡 圆

鸡脯肉剁碎捏成鸡圆，像酒杯那么大，鲜嫩得像虾团。扬州臧八太爷家里做得最好吃。做法是用猪油、萝卜丝、茨粉和碎鸡肉揉成圆子，不要再放馅。

蘑 菇 煨 鸡

四两口蘑菇，用开水泡发，去掉泥沙，用冷水漂洗，牙刷擦干净，再用清水漂洗四次，然后用二两菜油爆炒，加酒。将鸡切块放入锅中，水烧开，去掉白沫，下甜酒和清酱，煨煮至八分熟后，再下蘑菇，煨煮至熟透，加笋尖、葱和花椒，起锅，不用水，加三钱冰糖。

梨 炒 鸡

取小鸡的鸡脯肉切成片，先用三两猪油把鸡肉炒熟，翻炒三四次。再放一瓢麻油，茨粉、盐、姜汁和花椒粉各一茶勺。再加雪梨薄片、小块的香菇，翻炒三四次，起锅，装入五寸盘。

假野鸡卷

将鸡脯肉切成细肉丁，一个鸡蛋打散后调清酱，码味。将网油划成碎片，分别把肉丁包成小包，在油里爆炒透，再用清酱和酒调味，加香菇和木耳，起锅，加一撮糖。

黄芽菜炒鸡

将鸡切成块，起油锅炒透，加酒炒二三十次，加酱油后再炒二三十次，下水烧开。将菜切成块，等到鸡肉有七分熟，将菜下锅，再滚煮到熟透，加糖、葱和八角。其中的配菜要另外煮熟后才能加进来。每一只鸡要用四两油。

栗子炒鸡

鸡斩成块，用二两菜油爆炒，加一饭碗酒，一小杯酱油，一饭碗水，煨煮到七分熟。板栗要先煮熟，然后和笋一起下锅，再煨煮至熟透，起锅，下一撮糖。

灼 八 块

一只嫩鸡，斩成八块，在滚油里炸透，去除多余的油，加一杯清酱，加半斤酒，刚刚煮熟就起锅。不能用水，要用猛火。

珍 珠 团

煮熟的鸡脯肉，切成黄豆大小的鸡丁，用清酱和酒拌匀，在干面粉中翻滚，到鸡丁裹满面粉，放进锅里炒熟。炒此菜要用素油。

黄 芪 蒸 鸡 治 痨

宰杀一只没生过蛋的童子鸡，鸡身不要沾水，抠出内脏，鸡肚子里塞一两黄芪，在锅内架筷子蒸鸡，锅的四面都要封口，蒸熟就取出来。汤汁浓厚鲜美，可以治疗体弱症。

卤 鸡

不老不嫩的鸡一只，肚内塞三十根葱、二钱茴香、一斤酒和一小杯半酱油，先煮一支香的时间，加一斤水和二两猪油，一起煨煮。鸡煮熟时，撇去汤面上的猪油。用烧开的水，收汁收成一碗浓卤汁，才捞起鸡肉；要么把鸡肉撕碎，要么用薄刀片成鸡片，就用原卤汁拌着吃。

蒋 鸡

童子鸡一只，用四钱盐、酱油一勺、半茶杯老酒和三大片姜，放进砂锅内，隔水蒸到熟烂后，去掉骨头。不用水。这是蒋御史家的做法。

唐 鸡

鸡一只，两斤重的，或三斤重的。如果用两斤重的鸡，就用一饭碗酒和三饭碗水；用三斤重的鸡，适量增加一些酒和水。先把鸡斩成块，用二两菜油，油烧得滚烫时，爆炒鸡块，直到炒透；先用酒滚煮一二十次，再加水滚煮二三百次；加一酒杯酱油；起锅时加一钱白糖。这是唐静涵家的做法。

鸡 肝

以酒和醋炝炒，要炒得嫩才好吃。

鸡 血

鸡血凝结后切成条，加鸡汤、清酱、醋和芡粉做成鸡血羹，适合老人吃。

鸡 丝

把鸡肉撕成鸡丝，用酱油、芥末和醋拌味，这是杭州菜。加笋加芹菜都可以。还可以用笋丝、酱油和酒炒鸡丝。拌鸡丝用熟鸡，炒鸡丝可以用生鸡。

糟 鸡

糟鸡的做法和糟肉的做法相同。

鸡 肾

取三十个鸡肾，煮得微微熟，去掉鸡肾皮，用鸡汤加作料煨煮，鲜嫩极了。

鸡 蛋

鸡蛋去掉蛋壳放进碗里，用竹筷子打一千回，蒸熟，超级鲜嫩。只要是蛋就会一煮变老，煮一千煮反而变嫩了。加茶叶煮鸡蛋，不要超过两炷香的时间。一百个蛋，用一两盐；五十个蛋，用五钱盐。加酱油煨煮也可以。其他做法则要么煎要么炒都可以。把黄雀剁成肉末和鸡蛋蒸熟也很好吃。

野 鸡 五 法

野鸡的胸脯肉切成片，用清酱码味，用网油包好放在铁叉上烧烤。可以包成方形的肉片，也可以包成肉卷，这是一种做法。野鸡肉切成片加作料炒熟，是一种做法。把胸脯肉切成丁炒熟，是一种做法。像家鸡那样整只煨煮，是一种做法。先用油烫熟后撕成鸡丝，加酒、酱油和醋，与芹菜一起凉拌，是一种做法。生肉片成鸡片，在火锅中烫着吃，烫熟就吃，也是一种做法。野鸡肉的弊端在于做菜时肉嫩了不入味，入味时肉又老了。

赤 炖 肉 鸡

红炖肉鸡的做法:洗干净后切好,每一斤鸡肉用十二两好酒、二钱五分的盐、四钱冰糖、加一些研磨过的桂皮,一起放入砂锅,用木炭烧小火煨煮。如果酒快烧干了,鸡肉还没有煮烂,每斤鸡肉适量加一茶杯开水继续煮。

蘑 菇 煨 鸡

一斤鸡肉,一斤甜酒,三钱盐,四钱冰糖,蘑菇用新鲜不发霉的,小火慢煨两根线香的时间。不可以用水煨煮,鸡肉先煨煮得八分熟时,再下蘑菇。

鸽 子

鸽子加好火腿一起煨煮,很好吃。不用火腿肉,也可以。

鸽 蛋

煮鸽子蛋的方法,与煮鸡肾的方法相同。也可以煎熟了吃,也可以加一点点醋。

野 鸭

野鸭斩切成厚肉片，用酱油码味，用两片雪梨夹住肉片爆炒。苏州的包道台家做野鸭做得最好，其做法今天已经失传了。也可以用蒸家鸭的做法蒸野鸭。

蒸 鸭

生肥鸭剔除骨头，鸭肚内填一酒杯糯米，把火腿丁、大头菜丁、香菇、笋丁、酱油、酒、小磨麻油、葱花都塞进野鸭肚内，放进装有鸡汤的盘子中，隔水蒸熟。这是真定的魏太守家的吃法。

鸭 糊 涂

肥鸭用白水煮八分熟，等完全冷了就去掉骨头，撕拆成自然的不方不圆的肉块，放入原汤煨煮，加三钱盐、半斤酒，捶碎的山药也一起放入锅中当成芡粉用。鸭肉快要煨烂时，再加姜末、

香菇和葱花。如果要喝浓汤，加放一点芡粉。用芋头代替山药也很好吃。

卤 鸭

不用水，只用酒，鸭肉煮熟去掉骨头，加作料吃。这是高要的杨县令家的吃法。

鸭 脯

用肥鸭，斩切成大方块，用半斤酒、一杯酱油、笋、香菇和葱花焖烧，收卤汁后起锅。

烧 鸭

用仔鸭，穿上铁叉烧烤。冯观察的家厨做得最好。

挂 卤 鸭

鸭肚里塞葱，锅盖盖紧焖烧。水西门许家店做得最好。家中不能做这道菜。烧熟后的鸭子有黄色和黑色两种，黄色的更好吃。

干 蒸 鸭

杭州商人何星举家的干蒸鸭做法：将一只肥鸭，洗干净，斩切成八块，加甜酒和酱油，淹过鸭肉表面，放入瓷罐中，密封好，放入干锅中蒸，用木炭烧小火，不用水，快要上桌时，精瘦的鸭肉都已熟烂如泥。不要超过二支线香的时间。

野 鸭 团

把野鸭胸脯肉剁细，加猪油和少量荬粉，调匀后捏成团，入鸡汤中煮熟。用本鸭熬的汤煮肉团也很好。太兴孔亲家做的野鸭团，很好吃。

徐 鸭

很大的新鲜鸭子一只，用十二两百花酒、一两二钱青盐、一汤碗开水，冲化在一起后去掉残渣和浮沫，再加七饭碗冷水，加大约一两的四片新鲜厚姜片，与鸭子一起放入有盖子的大瓦钵内，用皮纸密封瓦钵口，用大火笼，烧透的大炭吉十五个（约两文钱一个），一个外用套包，罩住大火笼，不要走气。大约在吃早点时开始炖，到晚上才炖熟。起锅快了则担心没有炖透，味道就不好。大火笼中的炭吉烧透后，不要更换瓦钵，也不要提前揭开瓦钵盖子看。鸭子剖开，用清水清洗之后，要用洁净无浆的布擦干水分，才放进瓦钵中。

煨麻雀

取麻雀五十只，用清酱和甜酒煨煮，煮熟后去掉脚爪，只要麻雀的胸脯肉和头肉，连原汤一起放进盘子，味道非常甘鲜。其他鸟鹊都可以按这个做法去做。但新鲜的鸟肉一时不容易得到。薛生白经常劝别人："不要吃人类豢养的动物。"因为野生鸟雀不仅味道鲜美，并且容易消化。

煨鹌鹑、黄雀

鹌鹑选用六合来的最好，有现成的处理好的鸟肉卖。黄雀用苏州的酒糟和很甜的酒煨煮到熟烂，再下作料，与煨煮麻雀相似。苏州沈观察家里做的煨黄雀，连骨头都酥软如泥，不知是怎么做成的，炒鱼片也做得特别好。他们家的厨艺和菜肴之精美，全苏州可推选为第一。

云 林 鹅

《倪云林集》中，记载有做鹅的方法。整鹅一只，洗净后，用三钱盐抹在鹅的腹腔内，塞一大把葱把腹腔填满，外面用蜂蜜拌酒把鹅身全部涂满。锅中用一大碗酒和一大碗水蒸鹅，用竹筷子搭架子，不要让鹅身碰到锅中水。灶内用两大捆山茅草，慢慢烧完就可以了。等到锅盖冷了，揭开锅盖，将鹅翻个身，仍然用锅盖盖起并封好，继续蒸鹅，再用一大捆山茅草，烧完就可以了，要让柴火自行烧完，不要挑拨柴火。锅盖要用绵纸糊封口，绵纸靠近火导致干燥而产生裂缝时，用水让绵纸保持湿润。起锅时，不但鹅肉熟烂如泥，鹅汤也很鲜美。用这种方法烹煮鸭子，味道同样鲜美。每一捆山茅草，重一斤八两。在鹅的腹腔内抹盐时，可以加一些葱和花椒末，用酒和匀。《倪云林集》中记载了很多菜品，只有做鹅这一个方法，试用后很有效，其他的菜品都是附会乱说的。

烧 鹅

杭州烧鹅，被人笑话，因为鹅肉没烧熟。不如家厨自己做的烧鹅好。

水族有鳞单

做鱼时都要去掉鱼鳞，只有鲥鱼不去掉鱼鳞。我说要有鱼鳞的鱼的形状才完整。因此写《水族有鳞单》。

边鱼

边鱼要用活鱼，加酒和酱油蒸熟。蒸鱼成玉色时就好了，一出现呆滞的白色，鱼肉就变老而且味道也变了。必须盖好锅盖，不要让锅盖上的水汽进入鱼肉。快要起锅时加香菇和笋尖。或者用酒煎鱼也很好吃，只用酒不用水，这叫作"假鲥鱼"。

鲫鱼

先要善于买鲫鱼，要挑选鱼身扁平而鱼肚白亮的鲫鱼，这样的鲫鱼肉质细嫩又松软，煮熟之后提起鱼尾，鱼肉自动脱离鱼骨落进盘子里。脊背漆黑而又鱼身浑圆的鲫鱼，鱼身粗硬，鱼刺也像枝丫，这是鱼群中的地痞，肯定不可以吃。

鲫鱼按照蒸边鱼的做法去做，最好吃。其次就算煎鲫鱼好吃。鲫鱼肉撕拆下来可以做鱼羹。通州人会做煨煮的鲫鱼，连骨头和尾巴都香酥可口，叫作"酥鱼"，特别适合小孩子吃。这些吃法总是不如蒸鱼更有真味。六合龙池出产的鲫鱼，越大越嫩，也是一奇。蒸鱼时用酒不用水，稍微加点糖用来提鲜味，要按照鱼的大小来考虑使用多少酱油和酒。

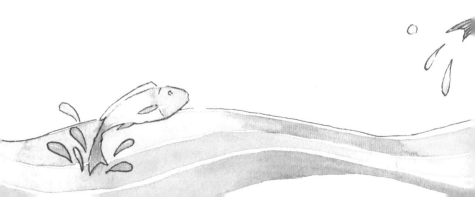

白 鱼

白鱼肉最细嫩，和糟鲥鱼一起蒸，最好吃。如果是冬天就可以稍微腌制一下，加酒酿糟腌两天，也好吃。我曾在长江中得到刚刚网起的活鱼，用酒蒸熟了吃，说不出的美味。糟白鱼的吃法最佳，不要糟制得太久，久了就会让鱼肉变得硬且无味。

季 鱼

鳜鱼刺少，炒鱼片最好吃。炒鱼片要以薄鱼片为好。用酱油稍微码味之后，用茨粉和蛋清裹鱼片，入油锅炒，加作料炒，油要用素油。

土 步 鱼

杭州人把土步鱼当作上品好鱼，而南京人却把土步鱼当作低贱的鱼，视为虎头蛇之类的怪物，逗人一笑。土步鱼鱼肉松软细嫩，煎、煮、蒸都可以。加腌制的芥菜做汤或做鱼羹，尤其鲜美。

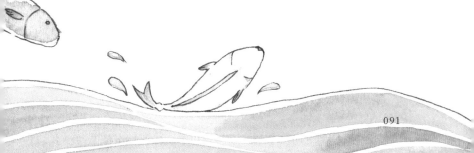

鱼　松

青鱼和草鱼蒸熟后，将鱼肉撕拆下来，放进油锅里炸，炸成黄色，加盐、葱、花椒、瓜和姜。冬天把鱼松封存在瓶子里，可以吃一个月。

鱼　圆

活的白鱼和青鱼，剖开成两半钉在木板上，用刀刮下鱼肉，只有鱼刺留在木板上。把鱼肉剁成肉泥，加豆粉和猪油，用手搅拌均匀，放一点点盐水，不用清酱，加葱和姜汁，捏成团，在滚开的水中煮熟后捞起来，泡在冷水里，要吃的时候就放入鸡汤和紫菜一起煮。

鱼 片

用青鱼或鳜鱼做鱼片，用酱油码味，加芡粉和蛋清拌匀，起油锅爆炒，用小盘装起，加葱、花椒、瓜和姜。鱼片最多不超过六两，太多就炒不透。

连 鱼 豆 腐

大连鱼煎熟，加豆腐，洒酱油，加水、葱和酒滚煮，待汤色半红时起锅。连鱼头味道尤其鲜美，这是杭州菜。用多少酱油，要看鱼的大小而定。

醋 搂 鱼

活青鱼切成大块，油炸，喷洒酱油、醋和酒，汤多一些为好。刚刚煮熟就快速起锅。杭州西湖上的五柳居做的醋搂鱼最好吃。如今却因为酱油有臭味而导致这道鱼菜衰败了。甚至于像著名的宋嫂鱼羹也因此变得徒有虚名了。《梦粱录》记载的也不可信了。鱼不要太大，太大不容易入味；鱼不要太小，小鱼刺多。

银 鱼

银鱼捕捞出水时，叫作冰鲜。加鸡汤或者火腿汤煨煮。炒银鱼也很嫩。干银鱼用水泡发至柔软，用清酱炒也好吃。

台 鲞

台鲞优劣不一，台州松门出产的台鲞最好，鱼肉柔软而又鲜美肥厚，生台鲞的肉撕扯下来，就可以当成小菜，不用煮熟了吃。用鲜肉一起煨煮时，必须要肉煮烂后才放台鲞，否则，台鲞容易煮化。肉和台鲞一起煮熟后形成的肉冻就是鲞冻。这是绍兴人的做法。

糟 鲞

冬天将大鲤鱼腌制后风干，用酒糟浸泡，放置在坛子里，密封坛子口。留到夏天吃。不可以用烧酒浸泡，用了烧酒，会有辣味。

虾子勒鲞

夏天挑选白净带子鳓鱼干，放入水中浸泡一天，泡去盐味，

在阳光下晒干，再入油锅煎，煎得鱼干一面变黄时取出来，在另一面没煎黄的鱼干上铺上虾子，放在盘子里，加白糖蒸熟，不要超过一炷香的时间。三伏天吃这道菜真是绝妙。

鱼 脯

活青鱼去掉鱼头鱼尾，斩切成小方块，用盐腌透、风干，入油锅中煎，加作料后收汤汁，再用炒熟的芝麻翻炒拌匀之后起锅。这是苏州吃法。

家 常 煎 鱼

家常煎鱼，必须要有耐心。将草鱼洗净，切成块，用盐码味，压扁，放入油锅煎得鱼的两面都变成黄色，多加酒和酱油，小火慢慢烧煮，然后收汤汁作卤，让作料的味道全入鱼中。但是这个做法是针对死鱼而言的，如果是活鱼，又要迅速起锅才好吃。

黄 姑 鱼

岳阳出产的小鱼，二三寸长，是晒干后寄过来的。加酒后剥掉鱼皮，放置在饭锅上，蒸熟了吃，味道最鲜美，名叫"黄姑鱼"。

水族无鳞单

没有鳞的鱼，鱼腥味加倍地重，必须更加用心烹饪，用姜和桂皮可以压制这种鱼腥味。因此写《水族无鳞单》。

汤鳗

鳗鱼最忌剔除骨头，因为鳗鱼本来就有浓重的腥味，不可以过分地摆布鳗鱼的肉身，这样做很容易失去鳗鱼的本真味道，就像鲥鱼不可以去掉鳞甲的道理一样。

清煨鳗鱼，用一条河鳗，洗去皮肤上的滑腻粘液，斩切成一寸的肉段，放入磁罐中，用酒水煨烂，加酱油起锅，剩余的汤水中加入冬天腌制的新芥菜熬汤，多用葱和姜之类的作料，用来压制鳗鱼的腥味。

常熟的顾比部家，用芡粉和山药干烧鳗鱼，也好吃。或者加上作料，把鳗鱼放在盘子里摆直了蒸熟，不用水。

家致华分司做的蒸鳗鱼最好吃，四分酱油六分酒调和成汤汁，务必要让汤汁超过鳗鱼的身体，蒸熟起笼的时机一定要恰恰好，迟了就会导致鳗鱼的皮皱缩失去本味。

红煨鳗

鳗鱼用酒和水煨煮烂熟，加甜酱代替酱油，入锅收汤汁，煨干，再加茴香和大料，起锅。有三种不好的情况要避免：一是鳗鱼皮煮起皱纹，鱼皮就不酥香了；二是鳗鱼肉散在碗里，筷子夹不起来；三是盐和豆豉下得太早，鳗鱼肉太紧入口不化。

扬州的朱分司家里做的红煨鳗鱼最好吃。一般情况下红煨鳗鱼都要煨干才好，使汤卤中味道进入鳗鱼肉中。

炸鳗

挑选大的鳗鱼，去掉鱼头鱼尾，斩切成一寸的肉段。先用麻油炸熟，捞出来。另外，将新鲜茼蒿菜的嫩尖入锅，仍然用原油炒透，立即把鳗鱼平铺在菜上面，加作料，煨煮一炷香的时间。茼蒿菜的数量，比鳗鱼肉少一半。

生 炒 甲 鱼

甲鱼去掉骨头，用麻油爆炒，加一杯酱油和一杯鸡汁。这是真定的魏太守家里的做法。

酱 炒 甲 鱼

将甲鱼煮得半熟，去掉骨头，起油锅爆炒，加酱、水、葱和花椒，汤汁收成卤汁，然后起锅。这是杭州人的吃法。

带 骨 甲 鱼

要用一个半斤重的甲鱼，斩切成四块，加三两猪油，起油锅煎成两面发黄，加水、酱油和酒煨煮；先猛火，后慢火，煮到八分熟时加大蒜，起锅时加葱、姜和糖。这道菜用的甲鱼要用小的不要用大的，俗称"童子脚鱼"的甲鱼肉才鲜嫩。

青盐甲鱼

甲鱼斩切成四块，起油锅爆炒透。每一斤甲鱼，用四两酒、三钱大茴香、一钱半青盐，煨煮到半熟，下二两猪油和切好的小豆块继续煨煮，加蒜头和笋尖，起锅时加葱和花椒。或者用了酱油，就不用盐了。这是苏州唐静涵家里的做法。大甲鱼的肉比较老，小甲鱼比较腥，必须买不大不小的甲鱼。

汤煨甲鱼

用白水把甲鱼煮得半熟，去掉骨头，把甲鱼肉撕碎，用鸡汤、酱油和酒煨汤，煮到两碗汤收水剩下一碗汤的时候，起锅，用葱花、花椒和姜末调味。吴竹屿的家里做这个菜做得最好吃。稍微用一点芡粉，才可以让甲鱼汤更滑润。

全壳甲鱼

山东杨参将家里做甲鱼时，去掉甲鱼头和甲鱼尾，取出甲鱼肉和裙边，加作料煨熟，仍然用原本的甲壳盖住熟食。每次宴客，每个客人面前都用小盘子装着一只甲鱼，客人看见了就很吃惊，担心甲鱼还会爬动。可惜他没有传授这个做法。

鳝丝羹

鳝鱼煮半熟，剔除骨头切成丝，加酒和酱油煨煮，稍微用一点芡粉，加真金菜、冬瓜和长根的葱做成羹。南京厨师动不动就把鳝鱼烧得像木炭一样干枯而黑，特别让人难以理解。

炒鳝

鳝鱼切成丝，入锅炒，炒得略微焦。就像炒肉鸡的做法，炒时不要加水。

段鳝

鳝鱼切成一寸的肉段，按照煨鳗鱼的做法煨煮。或者先用油煎炸，让鳝段变硬，再加冬瓜、鲜笋和香菇等配料，稍微用一点酱水，多用一些姜汁。

虾圆

虾圆按照鱼圆做法做，用鸡汤煨煮，干炒也可以。一般来说，将虾肉捶烂时，不要捶得细烂，以免这样会失掉虾肉的真味，<u>鱼圆</u>也是这样。或者直接剥壳取虾肉，用紫菜拌着吃，也好吃。

虾 饼

把虾肉捶烂，团成饼煎熟，就是虾饼。

醉 虾

带壳的虾用酒煎烤成黄色后捞起，加清酱和米醋煨煮，用碗盖住。吃的时候才放进盘子，虾壳都是酥的。

炒 虾

炒虾按照炒鱼的做法做，可以用韭菜作配料。如果加了冬天腌制的芥菜，就不可以加韭菜了。有人把虾尾巴捶扁了单独炒成菜，也觉得新异。

蟹

　　螃蟹适合独自做菜，不适合搭配其他食材。最好用淡盐的汤
水把螃蟹煮熟，自己剥蟹壳自己吃蟹肉为好。蒸熟的螃蟹虽然保
全了本味，但是味道太淡了。

蟹　羹

　　煮熟的螃蟹剥掉蟹壳做蟹羹，就用原汤煨煮，不加鸡汁，只
用螃蟹肉为妙。曾经见过俗气的厨师向汤汁中加鸭舌，或者加鱼
翅，或者加海参，硬生生地夺走了蟹肉的本味，还让蟹肉粘上了
腥味，太低劣了。

炒蟹粉

要现剥壳现炒的蟹肉才好吃。剥壳的蟹肉过了两个时辰，肉就会变干而失去美味。

剥壳蒸蟹

螃蟹剥壳，取出蟹肉和蟹黄，重新放回蟹壳内，在生鸡蛋上面放五六只装有蟹肉蟹黄的螃蟹壳，上蒸笼蒸。上桌时每只蟹都是完整的，只是去掉了蟹脚，我觉得比炒蟹粉更有新意。杨兰坡明府用南瓜肉拌蟹肉蟹黄吃，很奇妙。

蛤蜊

剥出蛤蜊肉，加韭菜炒熟，很好吃。或者做汤也可以。起锅慢了肉就煮硬了。

蚶

蚶有三种吃法。用热水烫蚶，半熟后去掉贝壳，加酒和酱油做醉蚶；或者用鸡汤煮熟，去掉贝壳后入汤；或者完全去掉贝壳后，直接做羹也可以。但是最好快速起锅，慢了肉就变硬了。奉化出产的蚶，品质比车螯和蛤蜊更好。

车　螯

先将五花肉切成片，加作料焖烧熟透。再将车螯洗净，用麻油炒，加入肉片及卤汁一起烹煮，酱油要多加，才会有味。加豆腐也可以。车螯从扬州运来，如果担心车螯坏死就去掉车螯壳只要肉，放在猪油中，就可以远行了。有晒成车螯干的，也很好，放进鸡汤里煨煮，味道比蛏干更好。把车螯肉捶烂做饼，像做虾饼那样，煎熟了加作料也好吃。

程泽弓蛏干

商人程泽弓家里制作的蛏干，用冷水泡一天，滚开的水煮两天，换汤五次。一寸的蛏干，泡发过后有两寸，就像新鲜的蛏子，这才加入鸡汤煨煮。扬州人学了这个做法，但都不如程家蛏干。

鲜　蛏

烹煮蛏子的做法跟做车螯的方法相同。单炒蛏子也可以。何

春巢的家里做的蛏子豆腐汤很好吃，竟然成了绝品。

水 鸡

青蛙去掉身子只用蛙腿，先用油炒，加酱油、甜酒、瓜和姜，起锅。或者把青蛙肉撕拆下来，炒熟，味道与鸡相似。

熏 蛋

将鸡蛋加作料煮熟，微微熏干，切片放入盘子里，可以下饭。

茶叶蛋

一百个鸡蛋，用一两盐和粗茶叶煮，不超过两支线香的时间。如果只有五十个鸡蛋，就只用五钱盐，依照这个数加和减。可以当成点心。

杂素菜单

菜有荤素之别，犹如衣服有表里之分。富贵之人爱吃素胜过爱吃荤。因此写《素菜单》。

蒋侍郎豆腐

去掉豆腐两面的皮，每块切成十六片，晾干，用猪油煎，油锅开始起青烟时才下豆腐，稍微洒一小撮盐，煎黄一面后将豆腐翻一面，加一茶杯好甜酒，加一百二十个大虾米，如果没有大虾米，就加三百个小虾米。虾米要先用滚开的水泡发一个时辰，加一小杯酱油，烧开一次，加一撮糖，再烧开一次，加一百二十段半寸左右的细葱，慢慢起锅。

杨中丞豆腐

用嫩豆腐，煮去豆气，加入鸡汤，与鲍鱼片一起滚煮几分钟，加糟油和香菇，起锅。鸡汁必须浓厚，鱼片要切薄。

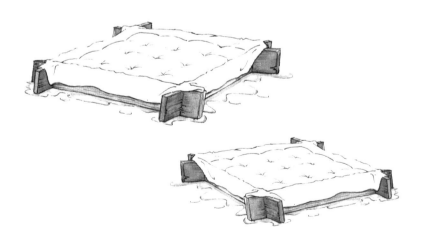

张恺豆腐

将虾米捣碎，加入豆腐中，起油锅，加作料干炒。

庆元豆腐

一茶杯豆豉，用水泡烂，加入豆腐一起炒熟起锅。

芙蓉豆腐

用豆腐脑，放在井水中泡三次，去掉豆气，加入鸡汤滚煮，起锅时加紫菜和虾肉。

王太守八宝豆腐

嫩豆腐片切得粉碎，加香菇末、蘑菇末、松子仁末、瓜子仁末、鸡肉末和火腿末，一起放入浓鸡汁中，炒熟起锅。用豆腐脑也可以。吃的时候用汤瓢不用筷子。太守王孟亭说："这是康熙皇帝赐给徐健庵尚书的秘方，徐尚书去取这个秘方时，在御膳房花费了一千两银子。"王太守的祖父王楼村先生是徐健庵尚书的门生，所以得到了这个秘方。

程 立 万 豆 腐

乾隆二十三年，我和金寿门在扬州程立万家里吃煎豆腐，精美之极。他家的豆腐两面金黄而干爽，没有一点点卤汁，有淡淡的车螯鲜味，但是盘子里并没有车螯和其他杂物。第二天我告诉查宣门，查宣门说："我也会做这道菜，我一定专门请你吃。"不久，我和杭堇莆一起去查宣门家里吃饭，刚刚动筷子就忍不住大笑起来，他做的菜全是鸡脑和雀脑做的，并不是真豆腐，肥腻得很难吃。他花费的钱比程立万多十倍，而味道远远比不上。可惜当时我因为妹妹亡故急忙赶回去，来不及向程立万求这道菜的做法。程立万第二年去世了。我至今还后悔。我仍然保留这道菜的名字，等有机会再去寻访这道菜的做法。

冻 豆 腐

冬天将豆腐冻一夜，切成方块，在开水里烫去豆味，加鸡汤汁、火腿汁和肉汁一起煨煮。上桌时，去掉鸡肉和火腿之类的荤菜，只留下香菇和冬笋之类的素菜。豆腐煨煮太久就会变松软，表面起蜂窝状的小孔，就像冻豆腐一样。所以炒菜中的豆腐要用嫩豆腐，煨煮的豆腐要用老豆腐。家致华分司善于用蘑菇煮豆腐，即使是夏天也按照冻豆腐的做法做菜，很好吃。千万不要加荤汤，否则将失去豆腐的清香味。

虾油豆腐

用陈年虾油替代清酱炒豆腐，豆腐必须两面煎黄。油锅要很热，用猪油、葱花和花椒。

蓬蒿菜

选取蓬蒿菜的嫩尖，用油炒去水分，放入鸡汤中滚煮，起锅前加一百个松菌。

蕨菜

选用蕨菜时，不要爱惜，必须剔除全部枝叶，只要直立的一根根嫩芽，洗干净后煮得熟烂，再用鸡肉汤煨煮。必须买低矮的蕨菜才肥美。

葛 仙 米

把葛仙米仔细挑选后淘洗干净，煮半熟后，再用鸡汤和火腿汤煨煮。等到上菜时，要只能看见葛仙米，看不到掺和的鸡肉和火腿，才是最好的。这道菜只有陶方伯家里做得最好吃。

羊 肚 菜

羊肚菜是湖北出产的，做法与葛仙米相同。

石 发

做法和葛仙米相同。夏天，用麻油、醋和酱油凉拌，也好吃。

珍 珠 菜

做法和蕨菜相同。新安江上游出产珍珠菜。

素 烧 鹅

山药煮烂，切成一寸的段，用豆腐皮包裹，在油里煎熟，加酱油、酒、糖、瓜、姜，炒成红色就起锅。

韭

韭菜，属于荤物，只择取韭白，加虾米炒熟便很好吃。或者用鲜虾炒，用蚬肉炒也可以，用猪肉炒也可以。

芹

芹菜，属于素物，越肥越好，择取白根炒熟，加笋，炒熟就起锅。现在有人用芹菜炒肉，清油不分。芹菜没炒熟，虽然很脆，但没有味道。而用生芹菜拌野鸡，那是另一回事。

豆 芽

豆芽柔软脆嫩，我很爱吃。必须炒得熟烂，作料的味道才能融入豆芽。可以做燕窝的配菜，这是用柔嫩配柔嫩、用白色配白色的道理。然而用很贱的食材配很贵的食材，世人都嗤之以鼻，他们不知道只有巢父和许由这等人物才配得上尧和舜。

茭 白

用茭白炒猪肉或鸡肉都可以。茭白切成整段，用酱油和醋小炒，尤其好吃。煨煮肉类也好吃，必须切成片，茭白片不超过一寸长。刚刚长出来太细小的茭白无味。

青 菜

青菜要择取嫩的部分,加笋尖一起炒。夏天用芥末凉拌青菜，稍微加一点醋，可以醒胃。青菜加火腿片，可以做汤，也必须选用刚刚从地里拔出来的青菜才柔嫩。

台 菜

炒熟的台菜心口感最软糯。剥掉台菜的外皮，加蘑菇和新笋煮汤。炒台菜时加虾肉,也好吃。

白 菜

白菜可以炒，也可以与笋煨煮，用火腿片煨煮、用鸡汤煨煮都可以。

黄 芽 菜

黄芽菜要数北方运来的最好。或用醋溜，或用虾米煨煮，一煮熟就吃，晚一点吃则颜色和味道都变了。

瓢 儿 菜

炒瓢儿菜菜心，要炒得干爽鲜嫩没有汤水才好吃。雪压过的瓢儿菜更软嫩。太守王孟亭的家里做的瓢儿菜最好吃。不加其他配菜，适合用荤油炒。

菠 菜

菠菜肥嫩，加酱水和豆腐煮熟，杭州人起菜名为"金镶白玉板"就是这道菜。像这种看起来很瘦实际上很肥嫩的菜，就不必再加笋尖和香菇。

蘑 菇

蘑菇不只是用来做汤,炒熟了也很好吃。但口蘑最容易藏沙尘,更容易生霉,必须用好的办法收藏,还要用好的做法烹饪。相对来说鸡腿蘑菇就容易收拾了,也更容易讨好食客。

松 菌

松菌加口蘑炒熟最好吃。或者只用酱油泡松菌,也很好吃。只可惜松菌不便于长久保存,不然将松菌加在各种各样的菜品中,肯定都可以增加菜品的鲜味。可以用松菌在燕窝下垫底,因为松菌很嫩。

面 筋 二 法

一种做法是将面筋入油锅煎炸到焦熟,再用鸡汤和蘑菇煨煮清汤。另一种做法是不煎炸,用水泡发,切成条状,加浓鸡汁炒,再加冬笋和天花蘑菇。

章淮树观察的家里做的面筋最好吃,上盘时应该用手把面筋乱撕成碎片,不要用刀切片,加泡发虾米的水和甜酱炒,很好吃。

茄二法

吴小谷广文的家厨，将整根茄子削皮，用开水泡去茄子的苦汁，再用猪油煎炒。煎炒前要把茄子里的泡水挤掉或晾干，煎炒后用甜酱水煨煮到水干，很好吃。

卢八太爷的家厨，把茄子切成小块，茄子不去皮，入油锅煎炒成微微发黄，加酱油爆炒，也好吃。

这二种做法都学会了但没能完全做到他们那么好吃。只有茄子蒸烂后划开、加麻油和米醋凉拌这道菜，在夏天也很好吃。或者将茄子煨煮干做成茄脯，放在盘子里。

苋 羹

苋菜必须仔细摘取嫩菜尖，干炒后，加虾米或虾仁，更好吃。不要看见汤水。

芋 羹

芋头有柔软细腻的特点，做荤菜做素菜都可以。或者切碎了做鸭羹，或者煨煮肉类，或者与豆腐加酱水一起煨煮。明府徐兆璜的家厨，选取小芋子，和嫩鸡一起煨汤，好吃极了。可惜这道菜的做法没教我。大概只用作料，不用水。

豆 腐 皮

将豆腐皮泡软，加酱油、醋和虾米凉拌，适合夏天吃。蒋侍郎家用海参加豆腐皮，很妙。加紫菜和虾肉做汤，和豆腐皮也相配。或者用蘑菇和笋煨煮清汤，也很好吃。以豆腐皮煮烂为好。芜湖的敬修和尚将豆腐皮卷成筒切成段，在油里稍微煎炒，再加蘑菇煨煮烂熟，好吃极了。不可以加鸡汤。

扁　豆

选取刚刚采摘的扁豆，用肉和汤炒熟，去掉肉只要扁豆。单独炒扁豆要多用油才好吃。肥软的扁豆是最好的，毛糙而又瘦又薄的扁豆，是贫瘠的土地生长的，不可以吃。

瓠 子 、 王 瓜

将草鱼切成片先炒熟，加瓠子和酱油煨煮。王瓜也这样做。

煨 木 耳 、 香 蕈

扬州定慧庵的僧人，可以将木耳煨煮二分厚，香菇煨煮三分厚。先要选取蘑菇熬汁成为卤汁。

冬 瓜

冬瓜的用法最多。搭配燕窝、鱼肉、鳗鱼、鳝鱼和火腿都可以。扬州定慧庵的僧人所做的冬瓜菜品尤其好吃，红得像血色琥珀，不用荤汤。

煨鲜菱

煨煮新鲜菱角，要用鸡
汤滚煮，上菜时将汤水倒出一半。荷
花池中刚刚采摘的菱角才新鲜，浮出水面的
菱角才嫩。加新出的板栗和白果煨煮烂熟，尤其好吃。
或者加糖熬煮，也可以。当成点心也可以。

豇豆

豇豆炒肉，快要上菜时去掉肉只要豇豆。选取很嫩的豇豆，
抽去豇豆的筋。

煨三笋

用天目山的笋、冬笋和问政山的笋，一起用鸡汤煨煮，叫作
"三笋羹"。

芋煨白菜

芋头煨煮熟烂，加入白菜心，烹煮，加酱水调味，是家常菜

中最好吃的。唯一要注意的是白菜必须是刚刚采摘的肥嫩的白菜，菜叶颜色青就老了，采摘后放久了就会干枯。

香珠豆

毛豆长到八九月间才晚收的，最宽最大而又鲜嫩，叫作"香珠豆"。煮熟后用酱油和酒浸泡入味，可以剥壳浸泡，也可以不剥壳，香软而又好看。寻常的毛豆，与之相比，不值得吃啊。

马 兰

马兰头菜，摘取嫩芽，加醋和笋凉拌了吃。吃了油腻食物后，再吃这道菜，可以醒脾胃。

杨 花 菜

南京的三月有杨花菜，柔嫩清脆和菠菜很相似。菜名很文雅。

问 政 笋 丝

问政笋，就是杭州笋。徽州人送的问政山笋干，多数是淡味的笋干，只好泡透之后切成丝，用鸡汤煨煮。龚司马用酱油煮笋，烘干后上桌，徽州人吃了，惊叹奇异的味道，我就笑他是如梦方醒。

炒鸡腿蘑菇

芜湖大庵的和尚，洗净鸡腿蘑菇，去掉泥沙，加酱油和酒炒熟，装在盘子里请客人吃，很好吃。

猪油煮萝卜

用熟猪油炒萝卜，加虾米煨煮，煮到熟透为止。快要起锅时加葱花。颜色像琥珀。

小菜单

用小菜佐食，就像用府、史、胥徒等小官来配合六官等大官。醒脾胃解油腻，全靠小菜。因此写《小菜单》。

笋 脯

笋脯的出产地最多，自家烘干的笋脯才是第一好的笋脯。去壳的鲜笋加盐煮熟，晾在竹篮上烘烤，必须昼夜巡视，烘烤的火的温度稍微低一些笋脯就会变馊。用清酱调味的笋脯，颜色稍微有点黑。春笋和冬笋都可以做笋脯。

天 目 笋

天目山的笋多数在苏州发货或零卖。那些竹篓中的笋要盖在面上的最好，这下面二寸的笋就掺入了老根硬节的笋，必须出高价，专门买他们盖在表面的几十条笋，如同集狐狸腋下的毛皮而做成裘衣似的积少成多。

玉 兰 片

把冬笋片烘干，稍微加一点蜂蜜。苏州孙春阳家有咸味和甜味两种玉兰片，咸味的更好。

素 火 腿

处州的笋脯，称为"素火腿"，就是处片。保存得太久就会变得很硬，不如买毛笋，自家烘烤笋脯。

宣 城 笋 脯

宣城的笋尖，颜色黑而笋肥大，和天目笋大同小异，非常好。

人 参 笋

把细笋制作成人参形状，稍微加一点蜂蜜水。扬州人很看重这种笋，所以价格比较贵。

笋 油

十斤笋，蒸一天一夜，把笋中的节穿通，铺在板子上，像做豆腐那样，上面用一块板子压榨笋，让笋中的汁水流出来，加炒好的一两盐，这些汁水就是笋油。压榨后的笋还可以做笋脯。天台山的僧人制作笋油用来送人。

糟 油

糟油是江苏太仓州的特产，越陈越好。

虾 油

买几斤虾子，和酱油一起入锅熬煮，起锅后用布沥出酱油，
再用布包好虾子，一起
放入装满油的罐子中。

喇 虎 酱

把秦椒捣烂，和甜酱蒸熟，可以添加虾米。

熏 鱼 子

熏鱼子的颜色如同琥珀，油多的鱼子最好。出自苏州孙春阳
家的熏鱼子，越新鲜越好，放久了就会变味，油也枯干了。

腌冬菜、黄芽菜

腌冬菜和黄芽菜时，盐味淡就味道鲜美，盐味浓就味道不好。
然而要存放得久，又必须加盐。我曾经腌制一大坛，三伏天开坛，
虽然上半部分的腌菜已经发臭变烂，但下半部分的腌菜却香美异
常，颜色像白玉，神奇啊！这就是看相的人不可以只看人的外表
的道理啊。

莴苣

吃莴苣有两种妙法。刚刚酱过的莴苣，
松脆可口；或者先腌制再做成
莴苣脯，切成片吃很鲜美。
都必须味道清淡，味太咸就
不好吃了。

香干菜

先把春芥心风干，再选取菜梗腌制，晒干，加酒、糖和酱油，
拌匀后再蒸熟，风干后装入瓶子里。

冬 芥

冬芥名叫雪里红。一种做法是将整棵整棵的雪里红腌制，味道清淡为好；另一种做法是选取菜心，风干后斩切成碎末，腌在瓶子里，腌熟后放入鱼羹中，非常鲜美。或者先用醋煨煮，再放进锅中炒成辣菜也可以，辣菜煮鳗鱼或煮鲫鱼都是最好吃的。

春 芥

选取芥菜心风干,斩切成碎末,腌熟后放入瓶子里,叫作"挪菜"。

芥 头

芥菜头切成片，和芥菜一起腌制，吃起来很脆。或芥菜连菜头一起整棵腌制，晒干后制作成芥菜脯，吃起来非常好吃。

芝 麻 菜

腌芥菜晒干，剁成极细的碎末。蒸熟了吃，叫作"芝麻菜"。适合老人吃。

腐干丝

把好豆腐干切成极细的丝，用虾子和酱油凉拌。

风瘪菜

选取冬菜心风干，腌制后压榨出菜汁，用小瓶子装好，用泥封好瓶口，倒放在草木灰上面，留到夏天吃，这种腌菜颜色发黄，气味很香。

糟菜

选取腌制过的风瘪菜，用菜叶包好，每一个小包，都有一面铺香糟，然后重叠着放在坛子里。取出来吃的时候，打开小包就可以吃，香糟不会粘在菜上，而菜却有了香糟的味道。

酸菜

冬菜心风干后稍微腌制一下，加糖、醋和芥末，连卤汁一起放入罐子里，稍微加一点酱油也可以。宴席中酒足饭饱之后，吃酸菜可以醒脾胃、解酒。

台 菜 心

选取春天的台菜心腌制后，压榨出卤汁，装在小瓶中，夏天再吃。把台菜的花朵风干，就是菜花头，可以用来煮肉。

大 头 菜

南京承恩寺腌制的大头菜，越陈越好吃。加入荤菜中，最能激发鲜味。

萝 卜

选肥大的萝卜，酱一两天就可以吃，甜脆可口。有一个姓侯的尼姑可以把萝卜做得像干鱼，煎萝卜片像一片片蝴蝶，拉长可以达一丈多长，连续不断，也是一个奇人。承恩寺有卖萝卜的，用醋调味，越陈越好吃。

乳 腐

豆腐乳，要数苏州温将军庙前卖的最好吃，

黑色且味道鲜美。豆腐乳有干的和湿的两种，有一种虾子豆腐乳也鲜美，但我有一点嫌它的腥味。广西的白豆腐乳最好吃，王库官的家里做的豆腐乳也好吃。

酱 炒 三 果

核桃仁和杏仁撕掉皮，榛子仁不用去掉皮。先用油爆炒脆，再下酱，不要炒得太焦。用多少酱，要看这三种东西的数量来定。

酱 石 花

将石花洗干净后浸泡在酱中，要吃的时候再洗去表面的酱。又名"麒麟菜"。

石 花 糕

将石花熬煮熟烂后做成膏，吃的时候用刀划开，颜色像蜂蜜蜡。

小 松 菌

用清酱和松菌一起入锅滚煮，收汁后起锅，加麻油存入罐子里，可以吃两天，存久了要变味。

吐 蛱

兴化和泰兴都出产泥螺，有些泥螺生来就很嫩，用酒酿浸泡，加糖后泥螺自己吐出腹中的油腻。虽然名为泥螺，但要没有泥才好。

海 蛰

选嫩海蜇，用甜酒浸泡，很有风味。其中光滑的叫作白皮，切成丝，用酒和醋凉拌。

虾 子 鱼

苏州出产虾子鱼，这种小鱼生来就有鱼子。新鲜时煮熟了吃，比鱼干好吃一点。

酱 姜

选用嫩生姜稍微腌制一下，先用粗酱涂满嫩姜，再用细酱涂满嫩姜，这样腌制三次才做成酱姜。古法还要用一个蝉蜕加入酱中，酱姜就可以长久保持鲜嫩。

酱 瓜

将黄瓜腌制后，风干，加入酱，就像酱姜的做法。要让酱瓜有甜味不难，难的是让酱瓜变爽脆。杭州施鲁箴的家厨做的酱瓜最好吃。据说他家的做法是：黄瓜酱过之后晒干了再酱，所以他家的酱瓜皮薄有皱纹，入口很脆。

新 蚕 豆

选用新鲜的嫩蚕豆，和腌芥菜一起炒，很好吃。随手采摘随即炒了吃才好。

腌 蛋

高邮出产的腌蛋最好吃，蛋黄的颜色红润而且油多。高文端公最喜欢吃腌蛋，他在宴席中喜欢先夹起腌蛋来请客人品尝。放在盘子里的腌蛋，应该带壳切开摆放，蛋黄蛋白都要有，不可以去掉蛋白而只用蛋黄，这样就会味道不全，蛋黄中的油也会流失。

混 套

将鸡蛋外壳轻轻敲出一个小洞，倒出蛋清蛋黄，去掉蛋黄只留下蛋清，加浓鸡汤煨煮成的卤汁，用筷子搅拌很久，让卤汁和蛋清融合在一起，仍然装入蛋壳中，小洞口用纸封好，入饭锅蒸熟，再剥掉蛋壳，仍然是一个完整的鸡蛋，此菜非常鲜美。

荗 瓜 脯

荗瓜在酱中浸泡，取出风干，切片做成荗瓜脯，和笋脯相似。

牛 首 腐 干

牛首山的僧人做的豆腐干最好吃。
但牛首山下卖豆腐干的有七家，只有晓
堂和尚那家做的豆腐干才好。

酱 王 瓜

刚刚长出来的王瓜，选择细小的入酱腌制，爽脆而鲜美。

点心单

梁朝时昭明太子把点心当小食，唐朝时郑修的妻子对小叔子说『先吃一些点心』，可见点心这个说法由来已久。所以写《点心单》。

鳗　面

一条大鳗鱼蒸烂后，撕下鳗鱼肉扔掉骨头，鳗鱼肉和在面粉中，加入鸡蛋清揉面，再擀成面皮，用小刀划成细条，放进滚开的鸡汤、火腿汁或蘑菇汤里煮熟。

温　面

将细面下汤水里煮熟，捞起沥干，放入碗中。先用鸡肉和香菇制作成浓稠的卤汁，吃的时候，食客自己用瓢舀卤浇在面条上。

鳝　面

先把鳝鱼肉熬煮成卤汁，再加入面条继续煮。这是杭州吃法。

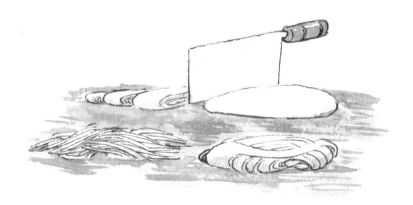

裙 带 面

用小刀把面皮切成条状，切得稍微宽一点，就是裙带面。一般情况下，煮裙带面时，总是以汤水多为好，汤水多得在碗里看不见面为妙。宁愿吃完了再加一些面，这样可以引人入胜吃得更多。这种吃法在扬州比较流行，我恰恰觉得很有道理。

素 面

前一天就用水发干蘑菇熬成汤，放好让汤水澄清；第二天在蘑菇汤里加入竹笋熬汤，再加入面条煮熟。这种吃法做得最好的是扬州定慧庵的僧人，他们不愿意教别人做。但是这种吃法的多数做法还是可以模仿做出来。那种纯黑色的素面，有人说是暗中加了虾子汤和蘑菇汤，只应该用澄清了泥沙的原汤，不能换水，一换水，原味就淡薄了。

蓑 衣 饼

干面粉加冷水调和，水不可以多。面团揉好擀薄后卷拢，再擀成薄面片。猪油和白糖均匀地铺在面片上，又把面片卷拢，然后擀成薄面饼，用猪油煎成黄色。如果想吃咸味的，加一些葱椒盐就可以了。

虾 饼

生虾肉、葱盐、花椒、少量的甜酒米糟一起加水和成面饼，用香油煎炸熟透。

薄 饼

山东孔藩台家里做的一种薄饼，薄如蝉翼，像茶盘那么大，柔和细腻到极点。家厨用他们的方法做出来的薄饼，总是不及他们做的，不知是什么原因。陕西人特制一种小锡罐，可以装三十张饼，每个客人一罐，饼子像柑子那么小。小锡罐有盖子，可以保存一段时间。这种小饼用炒肉丝做馅，肉丝细如发丝，葱丝也是这样的。可以猪肉和羊肉并用，叫作"西饼"。

松 饼

南京莲花桥教门方店做的松饼最好吃。

面 老 鼠

用热水和面，等鸡汤滚开时，和好的面团用筷子夹成面块，不管面块的大小，再加新鲜菜心，真是别有风味。

颠 不 棱 （ 即 肉 饺 也 ）

面糊摊开成面皮，裹肉馅，蒸熟。其讨好客人之处，全在肉馅做得好，不过是肉很嫩，去掉了肉筋，再加作料而已。

我到广东，吃官镇台颠不棱，非常好吃。里面的馅是用肉皮熬成的皮冻做的，所以觉得柔软鲜美。

肉 馄 饨

做肉馄饨的方法，与做饺子相同。

韭合

韭白拌肉末，再拌肉末，加作料，用面皮包好，放进热油煎炸。加酥油和面更好吃。

糖饼（又名面衣）

用糖水和成面饼，再起油锅加热，用筷子夹面饼进油锅。这样做成的饼，叫作软锅饼，是杭州的吃法。

烧饼

用松子和敲碎的核桃仁，加冰糖屑和猪油，和面煎烤，煎成两面焦黄为止，再加芝麻。扣儿会做烧饼，用细筛子把面粉筛四五次，面粉就像雪一样白。必须用两面锅，上下翻动放在火上煎烤，用一些奶酥更好吃。

千层馒头

杨参戎家里做的馒头，白得像雪，揭开馒头皮好像有千层。南京人不会做。这种制作方法，从扬州人那里学了一半，从常州人和无锡人那里学了一半。

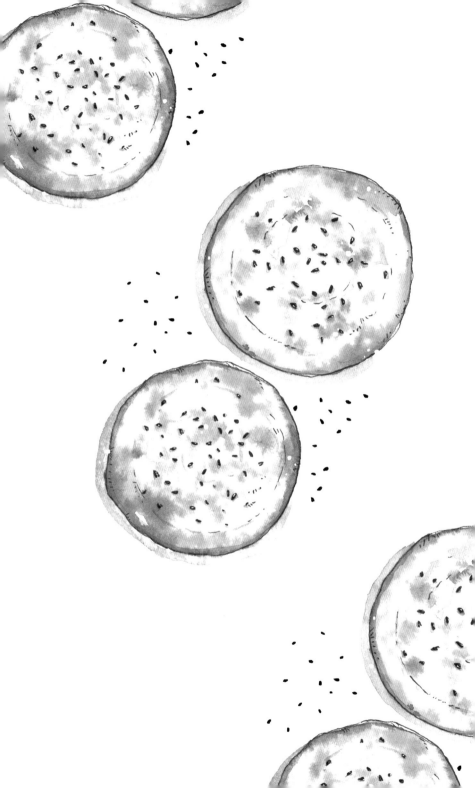

面 茶

熬粗茶汤，加入炒面，也可以再加芝麻酱，也可以再加牛奶。稍微加一撮盐。没有牛奶就加奶酥，也可以加奶皮。

杏 酪

捶碎杏仁制作成浆汁，过滤掉渣滓，加米粉搅拌，再加糖，熬成杏酪。

粉 衣

就像做面衣的方法，加糖或加盐都可以，什么拿取方便就用什么。

竹 叶 粽

用竹叶包裹白糯米煮熟。这种粽子又尖又小，很像初生的菱角。

萝卜汤圆

萝卜刨成丝在开水中煮熟，便于除掉腥气，稍微晾干一点，加葱和酱拌匀，放在糯米粉团中作馅，再用麻油煎炸，也可以在开水里煮熟。春圃方伯家里做的萝卜饼，扣儿学会了。可以参照这种做法试着制作韭菜饼和野鸭饼。

水粉汤圆

用水粉做的汤圆，非常滑腻，里面用松仁、核桃、猪油和糖制作成馅，或者，嫩肉去掉肉筋捶成肉泥，加葱末和酱油制作成馅也可以。

制作水粉的方法：先用水浸泡糯米一天一夜，米水一起磨成水粉浆，用布盛好米浆，布下面加草木灰，用来去掉渣滓。从布里取出细细的糯米粉晒干后就可以使用了。

脂油糕

先用纯糯米粉拌猪油，放进盘子里蒸熟，再加入捶碎的冰糖，蒸好后用刀切开。

雪 花 糕

蒸好的糯米饭捣烂，用芝麻屑加糖制作馅。捶打成一块饼，再切方块。

软 香 糕

软香糕，苏州都林桥的第一好吃；其次是虎丘糕，西施家做的为第二好吃；南京南门外报恩寺的软香糕排在第三。

百 果 糕

杭州北关外有人卖的百果糕是最好吃的。吃起来粉糯，馅里有很多松仁和核桃而又不加橙子丁的百果糕是最妙的。吃起来很甜，既不像蜂蜜也不像糖，可以马上吃也可以储存很久。家里的厨师没学会制作方法。

栗 糕

板栗煮得极烂后，和纯糯米粉，加糖蒸制成糕点，上面还加瓜子和松仁。这是重阳时节的特色小食。

青 糕 、 青 团

捶捣青草为草汁，用此汁和粉制作成粉团，颜色像碧玉。

合 欢 饼

这种蒸糕可以当饭吃。用木头雕刻的印模印出形状，像小的珙璧，放到铁架上烧烤，稍微用一点油，才不会粘在铁架上。

鸡 豆 糕

把鸡豆捣碎研磨，用少量面粉做成糕，放在盘子里蒸熟。想吃的时候就用小刀切成片。

鸡豆粥

用磨碎的鸡豆煮粥，最好选用新鲜鸡豆，当然也可以用陈鸡豆。加一些山药、茯苓更好吃。

金团

杭州金团，是在木头上雕刻出桃子、杏子或元宝等等形状，和好面粉并揉好面团，压入木印模中就做成了。金团的馅不论荤素都可以用。

藕粉、百合粉

藕粉如果不是自己家研磨的，我不相信这样的藕粉是真的。百合粉也如此。

麻团

蒸熟的糯米捣烂后揉成团，用芝麻屑加糖制作馅。

芋粉团

把香芋磨成粉后晒干，和米粉做成团。朝天宫道士做的芋粉团，用野鸡肉做馅，太好吃了。

熟藕

在自己家里把加糖的米灌入藕孔里再煮熟，这样的熟藕和藕汤都非常好吃。外面卖的熟藕多数是用不干净的水煮的，味道也变了，吃不得啊！我天生爱吃嫩藕，嫩藕虽然煮得很软熟了，但还是得用牙齿咬，所以藕的味道还在。像老藕那样一煮就软烂成泥，吃起来就没有味了。

新栗、新菱

新出的板栗，煮得烂熟，有松子仁的香气。因为厨师不愿意把板栗煮得烂熟，所以南京人有一辈子没吃过这种味道的栗子的。新菱也是这样，南京人总是要等到菱角老了才吃。

莲子

建宁的莲子虽然很贵,但不如洞庭湖的莲子那么容易煮透。先将莲子煮到微熟,抽去莲子心去掉莲子皮,然后放入汤中,用文火煨煮,把盖子捂紧,不要打开看,不要熄火。这样煮两炷香时间,莲子熟透时,就不会很硬了。

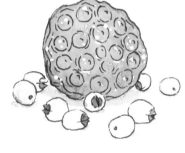

芋

十月的晴天,挑选小芋和嫩芋头,晒得干透,储存在草堆中,不要让它们在冬天冻伤,春天取出来煮食,有自然的甘美。俗人不知道这般美味。

萧美人点心

仪真南门外，有个萧美人善于做点心，普通的馒头、糕点和饺子之类，都做得小巧可爱，洁白如雪。

刘方伯月饼

用山东面筋粉制作酥皮，松仁、核桃仁和瓜子仁磨成细末，加少量冰糖和猪油制作成馅。吃起来不觉得很甜，口感香酥松软细腻，与寻常月饼很不同。

陶方伯十景点心

每到过年过节时，陶方伯夫人都会亲手做十种点心，都用山东面筋粉做成。这些点心奇形怪状，五彩缤纷。吃过的人都觉得甘美，让人应接不暇。萨制军说："吃孔方伯薄饼，天下的薄饼都可以不做了；吃陶方伯十景点心，天下的点心都可以不做了。"自从陶方伯亡故后，这种点心就成了《广陵散》，失传了。呜呼！

杨中丞西洋饼

用鸡蛋清和面筋粉调成面糊，倒入碗中。先要打造一把铜质的夹剪，前头做成饼子形状，如碟子般大小，上下两个面，铜饼形合缝处不到一分。生起烈火烘烤铜夹剪，用铜夹夹住面糊，一次只烤一夹面糊，马上做成了饼。此饼白得像雪，透明如同绵纸，加少量冰糖和松仁屑。

白云片

白米锅巴，薄如绵纸，用油烤熟，加少量白糖，吃起来很脆。南京人做得最好，名叫白云片。

风枵

把精面粉浸透，制作成小片，用猪油灼烤，起锅时加糖粒，颜色白如霜，入口即化。杭州人称之为风枵。

三层玉带糕

用纯糯米粉做糕，分为三层，一层糯米粉，一层猪油和白糖，一层糯米粉，夹好后上笼蒸，蒸熟后切开。这是苏州人的吃法。

运司糕

卢雅雨出任运司一职时，已经老了。扬州的店家制作糕点献给他，他大加赞赏，从此就有了"运司糕"的名称。这种糕像雪一样白，糕面上点缀了胭脂，红如桃花。少量糖做馅，味道清淡而又非常润口。运司衙门前那家店做的最好，其他店做的糕，粉末中有很多颗粒，颜色也不好看。

沙糕

用糯米粉蒸熟的糕，中间夹芝麻和糖屑。

小馒头、小馄饨

馒头做得像核桃那么大，上蒸笼蒸熟后食用，每次用筷子都可以夹两个馒头。这是扬州食物。扬州人善于做发酵的馒头，用手按压馒头，馒头陷进去半寸，手松开，馒头仍然隆起。小馄饨做得像龙眼那么小，用鸡汤煮熟。

雪蒸糕法

每一磨磨出的细粉，都要以二分糯米八分粳米的比例为标准。有两个准备程序。

一是拌粉，将细粉倒入盘子里，用凉水细细地洒在细粉上，如此形成的颗粒，捏起来呈团状，撒开如同砂子，就合适了。用粗麻筛子筛这些颗粒，筛子里剩下的粗块又用手搓碎，再用筛子筛，直到全部都从筛子里筛出来，前后筛出来的颗粒放在一起和匀，要干湿适中，不要太干了，用毛巾覆盖，不要让风吹日晒。备用。在细粉上的凉水里加一点洋糖更有味，拌粉的方法与市场上的枕儿糕的方法相同。

一是锡圈和锡钱，都要洗剔得非常干净，要蒸糕时，用布蘸着和水的香油擦拭锡器。每次蒸糕之后，都要洗干净，擦拭一次。

每个锡圈内，将锡钱放置稳妥，先疏松地装一小半粉粒，把果馅轻轻放置在正中，再将粉粒疏松地装满一圈，轻轻拍打使粉粒平整。套在汤瓶上，盖好，看见盖口蒸汽直冒，就可以了。取出来翻扣在盘子里，先去锡圈，再去锡钱，点缀胭脂。两个锡圈交替着使用。汤瓶必须洗干净，里面的水到瓶肩的位置就可以了。然而多次滚沸之后汤水容易烧干，要留心看护，准备好热水不断添加。

作 酥 饼 法

冷透了的猪油一碗，开水一碗，先把猪油和水搅拌均匀，加入生面粉，尽力揉面，揉得很软，就像擀饼一样，另外把蒸熟的面加入猪油，揉和搓软，不要变硬了。然后，把生面做成团子，像核桃那么大，把熟面也做成团子，比生面团子小一圈，再把熟面团子包在生面团子里面，擀成长饼子，长度可以达到八寸，宽度有二三寸左右，然后再折叠得像碗一样，包果肉馅。

天 然 饼

泾阳人明府张荷塘,他家里制作的天然饼,用上等的面筋粉,加少量糖和猪油做成酥皮,随意捏成饼状,像碗那么大,不管是方形的还是圆形的,都有二分厚。用洁净的小鹅卵石,面饼放在烧烫的鹅卵石上,随鹅卵石的形状,面饼变得凹凸不平,颜色烧烤到半黄时拿起面饼,酥松甘美不同寻常。或用盐调味也可以。

花 边 月 饼

明府家里做的花边月饼,不在山东刘方伯做的月饼之下。我曾经用轿子迎接他家的女厨师到随园来制作月饼,看到她用面筋粉拌生猪油、揉开、团起上百次,才把枣肉嵌入面团作馅,又将面团裁切成如碗大小,用手在四边捏出菱花样子。用两个火盆,上下盖住,烘烤月饼。枣子不去皮,是为了取其鲜味;猪油不先熬化,是为了取猪油的生味。她做的月饼吃进嘴里就化了,甘美而不甜腻,酥松而不粘嘴。她的工夫全都体现在揉面之中,揉开和团起的次数越多越好。

制 馒 头 法

偶然吃到新任明府家里做的馒头,细白如雪,表面有银光,我以为是因为用了北方面粉。龙明府说不是这样，因为面粉不管是北方出的还是南方出的，只要用罗筛细致地筛，筛到五次以上，自然就会变得白细，不一定要北方面粉才如此。做馒头最难的是发酵。于是我请来新任明府家的厨子来教做馒头，学成后做出来的馒头却没有酥松的口感。

扬 州 洪 府 粽 子

洪府做粽子，用最好的糯米，挑选完整而又长又白的米粒，舍去半颗的、散碎的，淘洗得非常洁净，用大箬叶包裹，中间放入一大块好火腿，封好锅盖闷煮一天一夜，其间不断添加柴火。这种粽子吃起来滑腻温和，肉和米都化在嘴里。有人说，也可以把火腿中的肥肉切成肉末，散裹在糯米中。

饭粥单

粥饭是食物的根本，用来下饭的菜则为末。本坚固了，天道就应运而生。因此作《饭粥单》。

饭

王莽说："盐是百菜的领军之将。"我却要说："饭是百味的根本。"《诗经》中写道："淘米水溲溲响，蒸饭声浮浮响。"这是古人也吃蒸饭的证明。然而，我总觉得米汤没留在饭里是不好的。善于煮饭的人，虽然是煮饭，却做出了蒸饭的效果，米饭依旧颗粒分明，吃起来又软又糯。

煮饭的窍门有四个：

一是要用好米，或用香稻米，或用冬霜米，或用晚米，或用观音籼，或用桃花籼。好米舂掉谷壳时都舂得非常干净白亮，容易发霉的季节就用风车播扬几次，不让米发霉。

一是要善于淘米，淘米时不要怕耽误其他事，用手揉搓，直到漏出竹箩的淘米水变成清水，没有了米的颜色。

一是要先用大火煮后用文火蒸，锅盖的焖和揭开都要掌握好时机。

一是要以米的多少加水，不多不少，这样煮熟的饭既不干也不湿。

常常看见富贵人家，菜做得很讲究但是饭却做得很不讲究，这是舍本逐末，真是可笑。

我不喜欢用汤泡饭，是因为不喜欢失去饭的本味。如果真的是好汤，宁可一口喝汤，一口吃饭，一前一后地吃，这样就能两全其美。万不得已必须吃泡饭时，就用茶开水把米饭淘洗一下，这样就不会像汤泡饭那样夺去饭的本味了。

米饭的甘美，在百味之上，会吃的人，遇到好饭不必用下饭菜。

粥

只看见清水而很少看见米粒的，不是粥；只看见米粒而汤水很少的，不是粥。必须要水米融合，柔软与细腻合为一体，才可以称之为粥。尹文端公说："宁可让人等待吃粥，不可让粥等待人来吃。"这是真正的名言，防止因为停顿时间长而导致粥变味汤水变干。近来有人煮鸭粥，在粥里加入荤菜；有人煮八宝粥，在粥里加入果品，都失去了正宗的粥味。真正不得已时，夏天可以在粥里加绿豆，冬天可以在粥里加黍米，用五谷加五谷，还可以不妨碍粥的本味。

我曾在某观察的家里吃饭，各种菜肴还可以，但是饭和粥都煮得粗糙，勉强吃下去，回来生了一场大病。我因此与人戏语说："这是五脏神惨遭惩罚，所以我自己经受不起这番折腾。"

茶酒单

喝七碗好茶就会两肋生风如神仙，饮一杯好酒就可以浑然忘记尘世烦恼，不饮用六清系列就不会有这样的效果。因此写《茶酒单》。

茶

想要泡出好茶，首先要用水缸储藏好水。最好是中泠和惠泉的水。寻常人家怎么能够像皇家设置驿站那样运送如此好水呢？但是天然泉水或雪水，寻常人家还是有能力用水缸储藏的。刚刚出山的泉水微微刺口，储藏后的水味道比较甘美。

我品尝过天下各种各样的茶，认为武夷山山顶出产的可以冲泡出白色茶汤的茶是天下第一茶。但是这种茶每年要多进贡给皇家都没有，何况民间的寻常人家呢？退而求其次，我觉得其他茶都不如龙井茶。清明前出产的龙井茶，称为"莲心"，我常常觉得味道太淡了，要多泡一些茶叶才好喝；谷雨前出产的龙井茶才是最好的，一片片茶叶一朵朵茶芽，绿如碧玉。收藏龙井茶必须用纸包成小包，每包四两，放在铺了石灰的坛子中，每过十天就要换石灰，坛子口要用纸盖子扎紧，不然走气之后就会变色变味。泡龙井茶时，要用猛火烧水，用穿心罐来烧水，水刚刚烧开便泡茶，开水烧得太久水就会变味；不用滚沸的水来泡茶，茶叶就会漂浮在水面。刚刚冲泡好的龙井茶就要赶紧喝，因为用茶盖盖住，茶也会变味。这些饮龙井茶的要点，真的没有什么回旋余地，只能这样喝。

山西人裴中丞曾经对人说："我昨天路过随园，才喝到了一杯好茶。"呜呼！裴公是不善于饮茶的山西人，竟然可以说出这样的评价，而我看到很多杭州土生土长的官员，一进入官场就开始喝熬煮的茶，这种茶苦得像药，茶色也像血，这不过是像那些

脑满肥肠的人嚼槟榔一样，俗啊！除了我家乡出产的龙井茶，我觉得值得饮用的好茶，通通罗列在后面。

武 夷 茶

我一直不喜欢喝武夷茶，嫌这种茶味道浓苦如同吃药。然而丙午年秋天，我游武夷山时，在曼亭峰和天游寺等处，出家人都争着请我喝武夷茶，他们用的茶杯像核桃那么小，茶壶像香橼果那么小，每壶冲泡不足一两的茶水。喝进口中舍不得马上吞下去，先嗅闻茶香，再细品茶味，慢慢咀嚼品味并用心体会，果然清香扑鼻，口中回甜。喝了一杯，再喝一杯两杯，让人平心静气，性情愉悦。这才发现龙井茶虽然清香但是味道太淡了，阳羡茶虽然很好但是韵味逊色了。这就像玉和水晶相比，各自品格不同。所以武夷茶美名传天下，真的如此！并且，武夷茶可以冲泡三次，仍然还有茶味。

龙 井 茶

杭州的山里出产的茶，每处的茶都是清香的，不过要算龙井茶最清香。每次清明节回家乡上坟，看到照管坟墓的人端来的一杯茶，水清茶绿，都是富贵人家也不能喝到的好茶。

常州阳羡茶

阳羡茶，深绿色，形状像雀舌，又像大一点的米。茶味比龙井茶稍稍浓厚一些。

洞庭君山茶

洞庭湖中的君山出产好茶，色味和龙井茶相同，茶叶稍微宽一点而且比龙井茶更绿。这种茶采摘量很少。抚军方毓川曾经送给我两瓶君山茶，果然非常好喝。后来也有人送，但都不是真正的君山茶。

除了以上几种茶，还有六安、银针、毛尖、梅片、安化等等好茶，就按顺序依次排列名次吧。

酒

我天生就不善于饮酒，所以喝酒时都严格控制自己，不会喝醉。这样反而让我能够品尝出酒的好坏。现在各个地方都喜欢喝绍兴酒，然而沧酒的清香、浔酒的清冽、川酒的鲜美，怎么可能在绍兴酒之下呢？也许酒很像那些越老越有学问的名儒，越陈越贵重。这样的陈酒要初次打开酒坛时最好喝，谚语说的"酒头茶脚"就是这个意思。温酒的方法：温度不够则凉；温度过高则老；

太靠近火就会变味。必须隔水温酒，仔细地塞紧出气口，这样才好。我现在选几种值得喝的好酒，开列于后。

金 坛 于 酒

这种酒是于文襄公的家里酿造的，有甜味和涩味两种，以涩味那种最好。这种酒清澈见底，颜色像松花，它的味道很像绍兴酒，但清洌超过了绍兴酒。

德 州 卢 酒

这种酒是转运使卢雅雨的家里酿造的，颜色和于文襄公家里酿的酒相同，味道比于酒稍稍厚实一些。

四川郫筒酒

四川郫县出产的装在竹筒中的酒，清澈见底，喝起来像喝梨汁或甘蔗水，很多人不知道这是酒。但从四川远隔万里而来，很少有不变味的。我曾喝过七次郫县的竹筒酒，只有刺史杨笠湖的木排上带来的最佳。

绍兴酒

绍兴酒，要像清正廉洁的官员那样一点都不掺假，这样的酒味才是真的。又要像名士宿儒那样在人世活得足够长，阅尽人情世故，这样的酒质更加醇厚。因此，绍兴酒窖藏不超过五年的，就不值得喝，关键是掺水的假酒窖藏不了五年时间。我常常把绍兴酒称为名士，而把烧酒称为光棍。

湖州南浔酒

湖州的南浔酒，味道像绍兴酒，但比绍兴酒清辣，也要窖藏三年以上才好喝。

常 州 兰 陵 酒

唐诗中有"兰陵美酒郁金香，玉碗盛来琥珀光"的句子。我路过常州，相国刘文定请我喝过窖藏八年的陈酒，果然有琥珀似的光。但是此酒酒味太浓，没有清远悠长的意趣。宜兴的蜀山酒也是这样的。至于无锡酒，用天下第二泉酿造，本来应该是好酒，但被市井俗人马马虎虎地酿造成酒，就让酒味失去了淳朴厚道，非常可惜啊！据说也有好酒，偏偏我没有喝过。

溧 阳 乌 饭 酒

我从来都不善于饮酒，丙戌年，在溧水叶比部家里，我喝了十六杯乌饭酒，随从们都很惊讶，上来劝我少喝点，而我觉得他们扫兴，舍不得放下杯子。这种酒颜色是黑的，味道甘鲜，不能用言语形容它的美妙。据说溧水的风俗是：每生一个女儿，就要酿造一坛酒，用南天竺叶染色的米酿造。等到这个女儿出嫁时，才喝这坛酒，所以这种酒最早也要十五六年才能喝到，打开酒坛时只剩下半坛酒，酒质浓甜粘唇，在室外都能闻到香气。

苏 州 陈 三 白 酒

乾隆三十年，我在苏州周慕庵的家里喝过这种酒。这种酒酒味鲜美，喝酒时粘嘴唇，在杯中倒满了也不会流出来。我喝了十四杯，竟然不知道是什么酒，就好奇地问，周慕庵说："这是窖藏了十几年的三白酒。"因为我喜欢这种酒，第二天周慕庵又送来一坛，却全然不是昨天的味道。哎呀！世间的好东西都很难多得一点。按照郑玄为《周官》里的"盎齐"写的注解："腹大口小的酒器中满满的都是酒，就像今天的白酒。"我怀疑就是陈三白酒。

金 华 酒

金华酒，有绍兴酒的清香，没有绍兴酒的涩味；有女贞酒的甘甜，没有女贞酒的俗气。同样以窖藏年份长的酒为佳。也许是因为金华一带的水都很清澈吧。

山 西 汾 酒

既然已经开始喝烧酒，那就要喝度数高的才好。汾酒是烧酒中度数最高的。我常常说烧酒就像人群中的光棍、县衙中的酷吏。打擂台时，只有光棍才行；清除盗贼，只有酷吏才行；驱风寒、消积滞，只有烧酒才行。

汾酒之下，山东的高粱酒次之，这种酒如果能够窖藏十年以上，酒的颜色就会变成绿色，入口回甜，也像做了很久的光棍的人，已经没有燥烈之气，可以交往接触了。曾经在童二树家里看见他用十斤烧酒做的泡酒，用枸杞四两、苍术二两、巴戟天一两，用布扎紧坛口一个月，打开酒坛时很香。如果吃猪头、羊尾、跳神肉之类肥腻的肉，一定要喝烧酒才行，也是各有各的相宜的吃法。

此外，还有苏州的女贞酒、福贞酒、元燥酒，宣州的豆酒，通州的枣儿红酒，都是不入流的货色，更有比这还不如的，比如扬州的木瓜酒，一喝就觉得俗气。

原文

序

诗人美周公^①而曰"笾豆有践^②",恶凡伯^③而曰"彼疏斯稗^④"。古之于饮食也,若是重乎!他若《易》称"鼎亨^⑤"《书》称"盐梅^⑥"《乡党》^⑦《内则》^⑧琐琐言之。孟子虽贱饮食之人,而又言饥渴未能得饮食之正。可见凡事须求一是处,都非易言。《中庸》曰:"人莫不饮食也,鲜能知味也。"《典论》^⑨曰:"一世长者知居处,三世长者知服食。"古人进髻离肺^⑩皆有法焉,未尝苟且。"子与人歌而善,必使反之,而后和之。"圣人于一艺之微,其善取于人也如是。

注释:

①周公:姬旦,又称周公旦。周朝初期政治家,他推行的礼乐制度,对后世影响深远。

②笾(biān)豆有践:笾和豆这样的小礼器都排列得合乎礼仪。

笾，周朝祭祀用品，竹编的小果盘。豆，周朝祭祀用品，有木制，也有青铜制。践，按规矩排列。出自《诗经·伐柯》："我觏之子，笾豆有践。"

③凡伯：周公之子，封在凡地，称为凡伯。周厉王时期有一位凡伯，是个诗人，是《诗经》中极少几位可以考订的作者之一，作传世诗篇《板》。周幽王时期有一位凡伯，是个敢于公开讽刺国王的名臣。

④彼疏斯粺(bài)：出自《诗经·召旻》。比喻只该吃粗粮却吃了细粮。疏，粗米。粺，精米，细米。

⑤鼎亨：出自《易经·鼎卦》，《象》："木上有火，鼎。"指用鼎烹煮食物。

⑥盐梅：出自《尚书·说命下》："若作和羹，尔惟盐梅。"盐和青梅，都是调味品。

⑦《乡党》：《论语》中的篇目，主要记载了孔子的衣食习惯，其中关于饮食的一些习惯，历来被儒家尊崇为饮食礼仪，也被后世美食家奉为经典教条。

⑧《内则》：《礼记》中的篇目，主要记载了男女居家礼仪，其中有很多关于饮食的规矩，被称为中国古代第一部"食经"。

⑨《典论》：三国时期魏国大诗人曹植曾经著有《典论》，已经失传。袁枚伪托的一个出处，反正没有人可以找出《典论》来查对。这是清朝文人常常玩的一种文字游戏。前文说"笾豆有践"赞美周公、"彼疏斯粺"贬低凡伯，也没有明确的证据，是袁枚故意用的典故，也是游戏笔墨。

⑩进鬐(qí)离肺：古人割取鱼翅和分解动物内脏，都很有法

度。进，进取。鬐，鱼背上的大鳍，代指鱼翅。离，剥离，分解。肺，肺腑，代指动物内脏。

余雅慕①此旨，每食于某氏而饱，必使家厨往彼灶觚②，执弟子之礼。四十年来，颇集众美。有学就者，有十分中得六七者，有仅得二三者，亦有竟失传者。余都问其方略，集而存之，虽不甚省记，亦载某家某味，以志景行③。自觉好学之心，理宜如是。虽死法不足以限生厨，名手作书，亦多出入，未可专求之于故纸，然能率由旧章④，终无大谬，临时治具⑤，亦易指名。

注释：

① 雅慕：非常仰慕。雅，非常。慕，仰慕。

② 灶觚（gū）：灶门前宽敞之处，代指厨房。

③ 以志景行：以记录美好的经历。

④ 率由旧章：毫不怀疑地按照旧办法做事。率，直率，引义为毫不怀疑。

⑤ 治具：准备烹调器具和食材。

或曰："人心不同，各如其面。子能必天下之口皆子之口乎？"曰："执柯以伐柯①，其则不远。吾虽不能强天下之口与吾同嗜，而姑且推己及物。则食饮虽微，而吾于忠恕之道，则已尽矣。吾何憾哉！"若夫《说郛》②所载饮食之书三十余种，眉公③、笠翁④亦有陈言。曾亲试之，皆阄⑤于鼻而蜇⑥于口，大半陋儒附会，吾无取焉。

注释:

①执柯以伐柯，其则不远：袁枚改写了《诗经·伐柯》的诗句，原句为"伐柯伐柯，其则不远"，拿着斧柄去砍伐适合做斧柄的木材，拿着本书学习烹饪的法则也和这个差不多。

②《说郛（fú）》：明朝陶宗仪编撰的私家丛书，典型的笔记文献。

③眉公：明朝文人陈继儒，字仲醇，号眉公。著有《陈眉公全集》。

④笠翁：清朝初期文人李渔，初名仙侣，后来改名渔，字谪凡，号笠翁。著有《闲情偶寄》《笠翁十种曲》等等，改定《金瓶梅》，提议编撰《芥子园画谱》。

⑤阏（è）：堵塞。

⑥蜇：刺激。

须 知 单

学问之道，先知而后行，饮食亦然。

作《须知单》。

先 天 须 知

凡物各有先天，如人各有资禀。人性下愚，虽孔、孟教之，无益也。物性不良，虽易牙①烹之，亦无味也。指其大略：猪宜皮薄，不可腥臊；鸡宜骟②嫩，不可老稚；鲫鱼以扁身白肚为佳，乌背者，必崛强③于盘中；鳗鱼以湖溪游泳为贵，江生者，必槎丫其骨节④；谷喂之鸭，其膘肥而白色；壅土⑤之笋，其节少而甘鲜；同一火腿也，而好丑判若天渊；同一台鲞⑥也，而美恶分为冰炭。其他杂物，可以类推。大抵一席佳肴，司厨之功居其六，买办之功居其四。

注释：

　①易牙：春秋时期齐桓公的近臣，善于烹饪，传说曾把儿子煮

熟给齐桓公吃。又名狄牙，因为是雍人，又名雍巫。

② 骟（shàn）：阉割。此处指阉割后的公鸡。

③ 崛强：僵硬。

④ 槎(chá)丫其骨节：骨节如树枝交错杂乱。槎，交错。丫，树枝。此处指大江大河里生长的鳗鱼，由于长期跟风浪搏斗，骨节都是错乱的。

⑤ 雍土：肥沃的泥土。

⑥ 台鲞（xiǎng）：台州特产的干鱼。

作 料 须 知

厨者之作料，如妇人之衣服首饰也。虽有天姿，虽善涂抹，而敝衣蓝褛，西子亦难以为容。善烹调者，酱用伏酱①，先尝甘否；油用香油，须审生熟；酒用酒酿，应去糟粕；醋用米醋，须求清冽。且酱有清浓之分，油有荤素之别，酒有酸甜之异，醋有陈新之殊，不可丝毫错误。其他葱、椒、姜、桂、糖、盐，虽用之不多，而俱宜选择上品。苏州店卖秋油②，有上、中、下三等。镇江醋颜色虽佳，味不甚酸，失醋之本旨矣。以板浦醋为第一，浦口醋次之。

注释：

① 伏酱：三伏天酿造的酱，充分发酵，味道最佳。

② 秋油：酱油，深秋时的头道酱油。

洗 刷 须 知

　　洗刷之法，燕窝去毛，海参去泥，鱼翅去沙，鹿筋去臊。肉有筋瓣，剔之则酥；鸭有肾臊，削之则净；鱼有胆破，而全盘皆苦；鳗涎存，而满碗多腥；韭删叶而白存，菜弃边而心出。《内则》曰："鱼去乙①，鳖去丑②。"此之谓也。谚云："若要鱼好吃，洗得白筋出。"亦此之谓也。

注释：

　　①鱼去乙：鱼去掉鱼鳃。甲为鱼头，乙就是鱼鳃。

　　②鳖去丑：甲鱼去掉肛门。丑，尾端，这里指代屁股和肛门。

调 剂 须 知

　　调剂之法，相物而施。有酒、水兼用者，有专用酒不用水者，有专用水不用酒者；有盐、酱并用者，有专用清酱不用盐者，有用盐不用酱者；有物太腻，要用油先炙者；有气太腥，要用醋先喷者；有取鲜必用冰糖者；有以干燥为贵者，使其味入于内，煎炒之物是也；有以汤多为贵者，使其味溢于外，清浮之物①是也。

注释：

　　①清浮之物：味道清淡鲜美而又容易浮起在汤水中的食物。清，清淡。浮，浮起。

配 搭 须 知

谚曰："相女配夫 ①。"《记》② 曰："儗人必于其伦 ③。"烹调之法，何以异焉？凡一物烹成，必需辅佐。要使清者配清，浓者配浓，柔者配柔，刚者配刚，方有和合之妙。其中可荤可素者，蘑菇、鲜笋、冬瓜是也。可荤不可素者，葱、韭、茴香、新蒜是也。可素不可荤者，芹菜、百合、刀豆是也。常见人置蟹粉 ④ 于燕窝之中，放百合于鸡、猪之肉，毋乃唐尧与苏峻 ⑤ 对坐，不太悖乎？亦有交互见功者，炒荤菜用素油，炒素菜用荤油是也。

注释：

① 相女配夫：出自明朝周楫的《西湖二集》。意思是要按照女子的自身条件来为她选择丈夫。

②《记》：指《礼记》。

③ 儗（nǐ）人必于其伦：出自《礼记·曲礼下》，意为人只能和同类的人相比较才可以判断其人。儗，比较。伦，族群，同类。

④ 蟹粉：用蟹肉、蟹黄和蟹膏，加一些配料，炒制而成的一道菜品，可以搭配很多食材做成蟹粉系列菜品。

⑤ 苏峻：西晋大将，事迹见《晋书》。

独 用 须 知

味太浓重者，只宜独用，不可搭配。如李赞皇 ①、张江陵 ② 一流，须专用之，方尽其才。食物中，鳗也，鳖也，蟹也，鲥鱼也，牛羊也，皆宜独食，不可加搭配。何也？此数物者味甚厚，力量甚大，而流弊亦甚多，用五味调和，全力治之，方能取其长而去其弊。何暇舍其本题，别生枝节哉？金陵人好以海参配甲鱼，鱼翅配蟹粉，我见辄攒眉。觉甲鱼、蟹粉之味，海参、鱼翅分之而不足；海参、鱼翅之弊，甲鱼、蟹粉染之而有余。

注释：

① 李赞皇：李绛，字深之，唐朝时唐宪宗的宰相，河北赞皇人，故称李赞皇。他性格耿直，直言敢谏。事迹见《旧唐书》《新唐书》。

② 张江陵：张居正，字叔大，号太岳。湖北江陵人，故称张江陵。明朝时万历年间任首辅。他独揽大权，实施改革。事迹见《明史》。

火 候 须 知

熟物之法，最重火候。有须武火者，煎炒是也，火弱则物疲矣。有须文火者，煨煮是也，火猛则物枯矣。有先用武火而后用文火者，收汤之物是也，性急则皮焦而里不熟矣。有愈煮愈嫩者，腰子、鸡蛋之类是也。有略煮即不嫩者，鲜鱼、蚶蛤之类是也。肉起迟则红色变黑，鱼起迟则活肉变死。屡开锅盖，则多沫而少香。火熄再烧，则走油而味失。道人以丹成九转为仙，儒家以无过、不及为中。司厨者，能知火候而谨伺之，则几于道矣。鱼临食时，色白如玉，凝而不散者，活肉也；色白如粉，不相胶粘者，死肉也。明明鲜鱼，而使之不鲜，可恨已极。

色臭^①须知

目与鼻，口之邻也，亦口之媒介也。嘉肴到目、到鼻，色臭便有不同。或净若秋云，或艳如琥珀，其芬芳之气，亦扑鼻而来，不必齿决^②之，舌尝之，而后知其妙也。然求色不可用糖炒，求香不可用香料。一涉粉饰，便伤至味。

注释：

① 色臭：食材和菜品的颜色和气味。

② 决：咬。

迟速须知

凡人请客，相约于三日之前，自有工夫平章百味^①。若斗然客至，急需便餐；作客在外，行船落店，此何能取东海之水，救南池之焚乎？必须预备一种急就章^②之菜，如炒鸡片、炒肉丝、炒虾米豆腐及糟鱼、茶腿之类，反能因速而见巧者，不可不知。

注释：

① 平章百味：此处指排列菜单。准备好各种各样的菜品。平，

平衡，此处引申为选择各种菜品。章，章法。

②急就章：汉朝时，汉元帝的黄门令史游，精通文字，是著名书法家。他的书法被后世称为章草，是因为他拆解隶书，只写字的梗概，不要隶书的规矩，急速而成，写就《急就章》。后来用急就章指代快速完成的文章或事情。

变换须知

一物有一物之味，不可混而同^①之。犹如圣人设教，因才乐育，不拘一律。所谓君子成人之美也。今见俗厨，动以鸡、鸭、猪、鹅，一汤同滚，遂令千手雷同，味同嚼蜡。吾恐鸡、猪、鹅、鸭有灵，必到枉死城^②中告状矣。善治菜者，须多设锅、灶、盂、钵之类，使一物各献一性，一碗各成一味。嗜者舌本应接不暇，自觉心花顿开。

注释：

①同：同一口锅。

②枉死城：地狱的一部分，冤枉屈死的鬼魂都前往枉死城报到。

器 具 须 知

古语云：美食不如美器。斯语是也。然宣、成、嘉、万^①，窑器太贵，颇愁损伤，不如竟用御窑，已觉雅丽。惟是宜碗者碗，宜盘者盘，宜大者大，宜小者小，参错其间，方觉生色。若板板[②]于十碗八盘之说，便嫌笨俗。大抵物贵者器宜大，物贱者器宜小。煎炒宜盘，汤羹宜碗。煎炒宜铁锅，煨煮宜砂罐。

注释：

①宣、成、嘉、万：明朝以官窑瓷器知名的四个时期，宣指宣德时，成指成化时，嘉指嘉靖时，万指万历时。宣德年间的青花瓷和成化年间的五彩瓷，至今仍然是收藏界最热门的顶级藏品。其实，早在袁枚所在的时代，明朝这四个时期的官窑瓷器已经很贵重了。

②板板：模板，刻板，都是要事先雕刻好纹样，事后不再有变化。引申为不知变通。

上菜须知

上菜之法：盐者宜先，淡者宜后；浓者宜先，薄者宜后；无汤者宜先，有汤者宜后。且天下原有五味，不可以咸之一味概之。度客食饱，则脾困矣，须用辛辣以振动[①]之；虑客酒多，则胃疲矣，须用酸甘以提醒[②]之。

注释：

①振动：刺激。
②提醒：提神醒酒。

时 节 须 知

夏日长而热，宰杀太早，则肉败矣。冬日短而寒，烹饪稍迟，则物生矣。冬宜食牛羊，移之于夏，非其时也。夏宜食干腊，移之于冬，非其时也。辅佐之物，夏宜用芥末，冬宜用胡椒。当三伏天而得冬腌菜，贱物也，而竟成至宝矣。当秋凉时而得行鞭笋①，亦贱物也，而视若珍馐矣。有先时而见好者，三月食鲥鱼是也。有后时而见好者，四月食芋艿是也。其他亦可类推。有过时而不可吃者，萝卜过时则心空，山笋过时则味苦，刀鲚②过时则骨硬。所谓四时之序，成功者退，精华已竭，褰裳去之也。

注释：

① 行鞭笋：夏末和初秋时，大多数竹笋都隐藏于地下，如同竹鞭，这种笋就是行鞭笋。

② 刀鲚：刀鱼。春末夏初，刀鱼从海里游到江河中产卵。过了这个季节，刀鱼就会变得骨刺坚硬，不好吃了。

多 寡 须 知

用贵物宜多，用贱物宜少①。煎炒之物多，则火力不透，肉亦不松。故用肉不得过半斤，用鸡、鱼不得过六两。或问：食之不足如何？曰：俟食毕后另炒可也。以多为贵者，白煮肉，非二十斤以外，则淡而无味。粥亦然，非斗米则汁浆不厚，且须扣水，水多物少，则味亦薄矣。

注释：

① 用贵物宜多，用贱物宜少：此处必须特别注意，袁枚说的是一种菜品中的贵贱搭配，贵物是指此菜品中相对较贵的食材，贱物指的是此菜品中相对较便宜的食材。

洁 净 须 知

切葱之刀，不可以切笋；捣椒之臼①，不可以捣粉②。闻菜有抹布气者，由其布之不洁也；闻菜有砧板气者，由其板之不净也。"工欲善其事，必先利其器③。"良厨先多磨刀，多换布，多刮板，多洗手，然后治菜。至于口吸之烟灰，头上之汗汁，灶上之蝇蚁，锅上之烟煤，一玷入菜中，虽绝好烹庖，如西子蒙不洁，人皆掩鼻而过之矣。

注释：

① 臼：舂米的器具。

② 粉：米粉、玉米粉或豆粉。

③ 工欲善其事，必先利其器：出自《论语·卫灵公》："工欲善其事，必先利其器。居是邦也，事其大夫之贤者，友其士之仁者。"比喻事前做好准备工作。

用 纤 须 知

俗名豆粉为纤[①]者，即拉船用纤也，须顾名思义。因治肉者，要作团而不能合，要作羹而不能腻，故用粉以牵合之。煎炒之时，虑肉贴锅，必至焦老，故用粉以护持之。此纤义也。能解此义用纤，纤必恰当，否则乱用可笑，但觉一片糊涂。《汉制考》[②]齐呼曲麸[③]为媒，媒即纤矣。

注释：

①纤：芡粉。袁枚记载的芡粉都是豆粉，现今所用芡粉多用土豆粉或红薯粉。

②《汉制考》：宋朝王应麟写的四卷笔记，是关于汉代制度的一些文献摘抄。

③曲麸（fū）：发酵过的谷物表皮，汉朝时用来做芡粉用。曲，主要原料是麦子和稻米。麸，谷物表皮。

选 用 须 知

选用之法，小炒肉用后臀，做肉圆用前夹心，煨肉用硬短勒[①]。炒鱼片用青鱼、季鱼[②]，做鱼松用鲏鱼[③]、鲤鱼。蒸鸡用雏鸡，煨鸡用骟鸡，取鸡汁用老鸡。鸡用雌才嫩，鸭用雄才肥。莼菜用头[④]，芹、韭用根。皆一定之理，余可类推。

注释：

① 硬短勒：五花肉。

② 季鱼：鳜（guì）鱼。

③ 鲩（huàn）鱼：草鱼。

④ 莼菜用头：莼菜用菜尖嫩芽。莼菜，一种水草。头，菜尖。

疑 似 须 知

味要浓厚，不可油腻；味要清鲜，不可淡薄。此疑似①之间，差之毫厘，失以千里。浓厚者，取精多而糟粕去之谓也。若徒贪肥腻，不如专食猪油矣。清鲜者，真味出而俗尘无之谓也。若徒贪淡薄，则不如饮水矣。

注释：

① 疑似：看起来很像，实际上相去甚远。

补 救 须 知

名手调羹，咸淡合宜，老嫩如式①，原无需补救。不得已为中人说法，则调味者，宁淡毋咸，淡可加盐以救之，咸则不能使之再淡矣。烹鱼者，宁嫩毋老，嫩可加火候以补之，老则不能强之再嫩矣。此中消息②，于一切下作料时，静观火色，便可参详。

注释：

　①式：平常分寸。

　②消息：关键。

本 分 须 知

　　满洲菜多烧煮，汉人菜多羹汤，童而习之，故擅长也。汉请满人，满请汉人，各因所长之菜，转觉入口新鲜，不失邯郸故步^①。今人忘其本分，而要格外讨好。汉请满人用满菜，满请汉人用汉菜，反致依样葫芦，有名无实，画虎不成反类犬矣。秀才下场^②，专作自己文字，务极其工^③，自有遇合。若逢一宗师而摹仿之，逢一生考而摹仿之，则掇皮^④无异，终身不中矣。

注释：

　①邯郸故步：出自《庄子·秋水》的典故，成语为"邯郸学步"。

　②下场：进考场。

　③务极其工：一定要把自己的才华发挥到极致。

　④掇（duō）皮：比喻学习的是表面功夫。掇，掇拾，拾取。

戒　单

为政者兴一利，不如除一弊，能除饮
食之弊，则思过半矣。作《戒单》。

戒 外 [①] 加 油

俗厨制菜，动熬猪油一锅，临上菜时，勺取而分浇之，以为
肥腻。甚至燕窝至清之物，亦复受此玷污。而俗人不知，长吞大
嚼，以为得油水入腹。故知前生是饿鬼投来。

注释：

① 外：意外，引申为不合适。

戒 同 锅 熟

同锅熟之弊，已载前"变换须知"一条中。

戒 耳 餐

何谓耳餐？耳餐者，务名之谓也。贪贵物之名，夸敬客之意，是以耳餐，非口餐也。不知豆腐得味，远胜燕窝。海菜不佳，不如蔬笋。余尝谓鸡、猪、鱼、鸭，豪杰之士也，各有本味，自成一家。海参、燕窝，庸陋之人也，全无性情，寄人篱下。尝见某太守宴客，大碗如缸，白煮燕窝四两，丝毫无味，人争夸之。余笑曰："我辈来吃燕窝，非来贩燕窝也。"可贩不可吃，虽多奚为？若徒夸体面，不如碗中竟放明珠百粒，则价值万金矣。其如吃不得何？

戒 目 食

何谓目食？目食者，贪多之谓也。今人慕"食前方丈[①]"之名，多盘叠碗，是以目食，非口食也。不知名手写字，多则必有败笔；名人作诗，烦则必有累句。极名厨之心力，一日之中，所作好菜不过四五味耳，尚难拿准，况拉杂横陈乎？就使帮助多人，亦各有意见，全无纪律，愈多愈坏。余尝过一商家，上菜三撤席，点心十六道，共算食品将至四十余种。主人自觉欣欣得意，而我散席还家，仍煮粥充饥。可想见其席之丰而不洁矣。南朝孔琳之[②]曰："今人好用多品，适口之外，皆为悦目之资。"余以为肴馔横陈、熏蒸腥秽，目亦无可悦也。

注释：

① 食前方丈：方圆一丈简称"方丈"，戏语。食物在面前排列一丈见方，形容食物众多。

② 孔琳之：南北朝时宋人，字彦琳，善诗文，解音律，精书法。

戒穿凿

物有本性，不可穿凿为之。自成小巧，即如燕窝佳矣，何必捶以为团？海参可矣，何必熬之为酱？西瓜被切，略迟不鲜，竟有制以为糕者。苹果太熟，上口不脆，竟有蒸之以为脯者。他如《遵生八笺》①之秋藤饼，李笠翁之玉兰糕，都是矫揉造作，以杞柳为杯棬②，全失大方。譬如庸德庸行，做到家便是圣人，何必索隐行怪乎？

注释：

①《遵生八笺》：中国养生学名著，明朝高濂著。

② 以杞（qǐ）柳为杯棬（quān）：出自《孟子·告子》："性犹杞柳也，义犹杯棬也，以人性为仁义，犹以杞柳为杯棬。"意为用杞柳枝条来编织杯盘，需要改变杞柳的本性才可以编织成杯盘。杯棬，编织的杯盘。

戒 停 顿

物味取鲜，全在起锅时极锋而试。略为停顿，便如霉过衣裳，虽锦绣绮罗，亦晦闷而旧气可憎矣。尝见性急主人，每摆菜必一齐搬出。于是厨人将一席之菜，都放蒸笼中，候主人催取，通行齐上。此中尚得有佳味哉？在善烹饪者，一盘一碗，费尽心思；在吃者，卤莽暴戾，刨囫吞下，真所谓得哀家梨①，仍复蒸食者矣。余到粤东，食杨兰坡明府②鳝羹而美，访其故，曰："不过现杀现烹，现熟现吃，不停顿而已。"他物皆可类推。

注释：

① 哀家梨：出自《世说新语·轻诋》："桓愍云：'君得哀家梨，当复不蒸食不？'"哀家，哀仲，汉朝秣陵人，他家的梨子个大味美，脆嫩易化，远近闻名。成语哀梨蒸食，形容不识货的人糟蹋好东西。

② 杨兰坡明府：明府，汉朝时尊称太守为明府君。清朝官员之间不直接称呼官衔，而用代称，如知县称"大令"，知府称"明府"，巡抚称"中丞"等等。杨兰坡，时任粤东知府，善诗文。袁枚有一封信《与杨兰坡明府书》，他在信中与杨兰坡讨论李商隐的《锦瑟》一诗，是清朝诗话中的名篇。

戒 暴 殄

暴者不恤人功，殄者不惜物力。鸡、鱼、鹅、鸭，自首至尾，俱有味存，不必少取多弃也。尝见烹甲鱼者，专取其裙①而不知味在肉中；蒸鲥鱼者，专取其肚而不知鲜在背上。至贱莫如腌蛋，其佳处虽在黄不在白，然全去其白而专取其黄，则食者亦觉索然矣。且予为此言，并非俗人惜福之谓，假设暴殄而有益于饮食，犹之可也；暴殄而反累于饮食，又何苦为之？至于烈炭以炙活鹅之掌，刳刀以取生鸡之肝，皆君子所不为也。何也？物为人用，使之死可也；使之求死不得不可也。

注释：

①裙：裙边，甲鱼甲壳周边的肉，肉质软糯，是甲鱼最好吃的部位之一。

戒纵酒

事之是非，惟醒人能知之；味之美恶，亦惟醒人能知之。伊尹①曰："味之精微，口不能言也②。"口且不能言，岂有呼吸酗酒之人，能知味者乎？往往见拇战③之徒，啖佳菜如啖木屑，心不存焉。所谓惟酒是务，焉知其余，而治味之道扫地矣。万不得已，先于正席尝菜之味，后于撤席逞酒之能，庶乎其两可也。

注释：

①伊尹：伊挚，其母居伊水，以伊为姓，夏朝末年生于空桑，帮助成汤建立商朝。尹是官职，相当于宰相。他以厨艺知名于世，

后世尊为厨祖，祭祀时尊为"商元圣"。

②味之精微，口不能言也：出自《吕氏春秋·本味篇》："鼎中之变，精妙微纤，口弗能言，志弗能喻。"袁枚引用时已经翻译过了。

③拇战：猜拳行令。

戒火锅

冬日宴客，惯用火锅，对客喧腾，已属可厌。且各菜之味，有一定火候，宜文宜武，宜撤宜添，瞬息难差。今一例以火逼之，其味尚可问哉？近人用烧酒代炭，以为得计，而不知物经多滚，总能变味。或问：菜冷奈何？曰：以起锅滚热之菜，不使客登时食尽，而尚能留之以至于冷，则其味之恶劣可知矣。

戒强让

治具宴客，礼也。然一看既上，理宜凭客举箸，精肥整碎，各有所好，听从客便，方是道理，何必强让之？常见主人以箸夹取，堆置客前，污盘没碗，令人生厌。须知客非无手无目之人，又非儿童、新妇，怕羞忍饿，何必以村妪小家子之见解待之？其慢客也至矣！近日倡家，尤多此种恶习，以箸取菜，硬入人口，有类强奸，殊为可恶。长安有甚好请客而菜不佳者，一客问曰："我与君算相好乎？"主人曰："相好！"客跽①而请曰："果然相好，我有所求，必允许而后起。"主人惊问："何求？"曰："此后君家宴客，求免见招。"合坐为之大笑。

注释：

戒走油

凡鱼、肉、鸡、鸭，虽极肥之物，总要使其油在肉中，不落汤中，其味方存而不散。若肉中之油，半落汤中，则汤中之味，反在肉外矣。推原其病有三：一误于火太猛，滚急水干，重番[①]加水；一误于火势忽停，既断复续；一病在于太要相度[②]，屡起锅盖，则油必走。

注释：

① 重番：反复。
② 太要相度：太想要看到食物是否煮熟。

戒落套

唐诗最佳，而五言八韵之试帖[①]名家不选，何也？以其落套故也。诗尚如此，食亦宜然。今官场之菜，名号有"十六碟""八篇""四点心"之称，有"满汉席"之称，有"八小吃"之称，有"十大菜"之称，种种俗名，皆恶厨陋习，只可用之于新亲上门，上司入境[2]，以此敷衍；配上椅披、桌裙、插屏、香案，三揖百拜方称。若家居欢宴，文酒开筵[3]，安可用此恶套哉？必须盘碗参差，整散杂进，方有名贵之气象。余家寿筵婚席，动至五六桌者，传唤外厨，亦不免落套。然训练之卒，范我驰驱[4]者，其味亦终竟不同。

注释：

①试帖：考试时写的诗帖，从唐朝起就是科举专用诗体。这些诗限定为五言律诗和七言律诗，用六韵和八韵，一般题头有"赋得"二字，统称"赋得体"，比如白居易的《赋得古原草送别》，是白居易十六岁应考之作。科举考诗是武则天规定的，唐诗的兴盛也就从武则天时期开始。

②上司入境：上司进入下级官员管辖的地方。袁枚在官场中浸淫很多年，非常熟悉官场应酬。

③文酒开筵：专门为赋诗饮酒筹备的宴席。清代文人盛行的交际活动。

④范我驰驱：出自《孟子·滕文公下》："吾为之范我驰驱，终日不获一，为之诡遇，一朝而获十。"意为我按照规范驾驶马车。袁枚用此典故，意思却是：按我的规范行事的人。

戒混浊

混浊者，并非浓厚之谓。同一汤也，望去非黑非白，如缸中搅浑之水。同一卤也，食之不清不腻，如染缸倒出之浆。此种色味令人难耐。救之之法，总在洗净本身，善加作料，伺察水火，体验酸咸，不使食者舌上有隔皮隔膜之嫌。庚子山[①]论文云："索索无真气，昏昏有俗心[②]。"是即混浊之谓也。

注释：

①庚子山：庚信，字子山，小字兰成。南阳新野人。南北朝时北周诗人，官拜骠骑大将军。宫体诗代表人物。有《庚子山集》传世。他的父亲庾肩吾，也是著名诗人。

②索索无真气，昏昏有俗心：出自庚信的诗篇《拟咏怀》，是二十七首组诗中的第一首。这句描写的的确是袁枚所说的混浊状态。索索，单独，孤单。昏昏，昏沉，糊涂。

戒苟且

凡事不宜苟且，而于饮食尤甚。厨者，皆小人下材，一日不加赏罚，则一日必生怠玩。火齐[①]未到而姑且下咽，则明日之菜必更加生。真味已失而含忍不言，则下次之羹必加草率。且又不止空赏空罚而已也。其佳者，必指示其所以能佳之由；其劣者，必寻求其所以致劣之故。咸淡必适其中，不可丝毫加减，久暂必得其当，不可任意登盘。厨者偷安，吃者随便，皆饮食之大弊。审问、慎思、明辨，为学之方也；随时指点，教学相长，作师之道也。于味何独不然也？

注释：

① 火齐：火候。

海鲜单

古八珍并无海鲜之说。今世俗尚之，
不得不吾从众。作《海鲜单》。

燕　窝 [①]

　　燕窝贵物，原不轻用。如用之，每碗必须二两，先用天泉滚
水泡之，将银针挑去黑丝。用嫩鸡汤、好火腿汤、新蘑菇三样汤
滚之，看燕窝变成玉色为度。此物至清，不可以油腻杂之；此物
至文，不可以武物串之。今人用肉丝、鸡丝杂之，是吃鸡丝、肉丝，
非吃燕窝也。且徒务其名，往往以三钱生燕窝盖碗面，如白发数
茎，使客一撩不见，空剩粗物满碗。真乞儿卖富，反露贫相。不
得已则蘑菇丝、笋尖丝、鲫鱼肚、野鸡嫩片尚可用也。余到粤东，
杨明府冬瓜燕窝甚佳，以柔配柔，以清入清，重用鸡汁、蘑菇汁
而已。燕窝皆作玉色，不纯白也。或打作团，或敲成面，俱属穿凿。

注释：

① 燕窝：雨燕科鸟类在海岸边或海岛上的悬崖高处，用唾液和羽绒毛合成的材料筑成的燕巢。经过采集处理后成为名贵食材。

海 参 三 法

海参，无味之物，沙多气腥，最难讨好。然天性浓重，断不可以清汤煨也。须检小刺参，先泡去沙泥，用肉汤滚泡三次，然后以鸡、肉两汁红煨极烂。辅佐则用香蕈①、木耳，以其色黑相似也。大抵明日请客，则先一日要煨，海参才烂。尝见钱观察②家，夏日用芥末、鸡汁拌冷海参丝，甚佳。或切小碎丁，用笋丁、香蕈丁入鸡汤煨作羹。蒋侍郎③家用豆腐皮、鸡腿、蘑菇煨海参，亦佳。

注释：

① 香蕈（xùn）：香菇。
② 观察：清朝官员之间代称道员为观察。
③ 侍郎：官名，清朝雍正八年（1730年）定为正二品。

鱼 翅 ① 二 法

鱼翅难烂，须煮两日，才能摧刚为柔。用有二法：一用好火腿、好鸡汤，加鲜笋、冰糖钱许煨烂，此一法也；一纯用鸡汤串细萝卜丝，拆碎鳞翅搀和其中，漂浮碗面，令食者不能辨其为萝卜丝、为鱼翅，此又一法也。用火腿者，汤宜少；用萝卜丝者，汤宜多。总以融洽柔腻为佳。若海参触鼻[2]，鱼翅跳盘[3]，便成笑话。吴道士家做鱼翅，不用下鳞，单用上半原根，亦有风味。萝卜丝须出水二次，其臭才去。尝在郭耕礼家吃鱼翅炒菜，妙绝！惜未传其方法。

注释：

① 鱼翅：大鲨鱼的鱼鳍干制而成的食材。本身无味，需要浓鲜肉汤提味。

② 触鼻：海参因为没煮烂，非常坚硬，咬的时候容易翘起来碰到鼻子。

③ 跳盘：鱼翅因为没煮透，又硬又直，捞食时容易滑落到盘子外面。

鳆　鱼 [1]

鳆鱼炒薄片甚佳，杨中丞家削片入鸡汤豆腐中，号称"鳆鱼豆腐"。上加陈糟油[2]浇之。庄太守用大块鳆鱼煨整鸭，亦别有风趣。但其性坚，终不能齿决。火煨三日，才拆得碎。

注释：

① 鳆鱼：鲍鱼。

② 陈糟油：陈年的酒酿调和猪油。

淡　菜 ①

淡菜煨肉加汤，颇鲜。取肉去心，酒炒亦可。

注释：

① 淡菜：干贻贝肉。

海　蜒 ①

海蜒，宁波小鱼也，味同虾米，以之蒸蛋甚佳，作小菜亦可。

注释：

① 海蜒（yǎn）：一种小鱼，产于浙江沿海一带。

乌 鱼 蛋 ①

乌鱼蛋最鲜，最难服事。须河水滚透，撤沙去臊，再加鸡汤、蘑菇煨烂。龚云若司马 ② 家制之最精。

注释：

① 乌鱼蛋：乌鱼即墨鱼。墨鱼的缠卵腺加工而成的干货即为乌鱼蛋，气味清香。

② 龚云若司马：袁枚在《随园诗话》中记有一句："余宰江宁时，所赏识诸生秦涧泉、龚云若、涂长卿，俱登科第。"可知此人是江宁人，算是袁枚的学生。司马，军官，级别较低。

江瑶柱 ①

江瑶柱出产宁波，治法与蚶、蛏同。其鲜脆在柱，故剖壳时，多弃少取。

注释：

① 江瑶柱：干贝。

蛎 黄 ①

蛎黄生石子上。壳与石子胶黏不分。剥肉作羹，与蚶、蛤相似。一名鬼眼。乐清、奉化两县土产，别地所无。

注释：

① 蛎黄：牡蛎肉。牡蛎，现在多称为生蚝。

江鲜单

郭璞《江赋》鱼族甚繁。今择其常有者治之。作《江鲜单》。

刀 鱼 二 法

刀鱼用蜜酒酿[1]、清酱，放盘中，如鲥鱼法，蒸之最佳，不必加水。如嫌刺多，则将极快刀刮取鱼片，用钳抽去其刺。用火腿汤、鸡汤、笋汤煨之，鲜妙绝伦。金陵人畏其多刺，竟油炙极枯，然后煎之。谚曰："驼背夹直，其人不活。"此之谓也。或用快刀，将鱼背斜切之，使碎骨尽断，再下锅煎黄，加作料，临食时竟不知有骨。芜湖陶太太法也。

注释：

① 蜜酒酿：米酒，甜酒。

鲥鱼

鲥鱼用蜜酒蒸食，如治刀鱼之法便佳。或竟用油煎，加清酱、酒酿亦佳。万不可切成碎块，加鸡汤煮；或去其背，专取肚皮，则真味全失矣。

鲟鱼

尹文端公[①]，自夸治鲟鳇[②]最佳。然煨之太熟，颇嫌重浊。惟在苏州唐氏，吃炒鳇鱼片甚佳。其法：切片油炮，加酒、秋油滚三十次，下水再滚起锅，加作料，重用瓜、姜、葱花。又一法：将鱼白水煮十滚，去大骨，肉切小方块，取明骨[③]切小方块；鸡汤去沫，先煨明骨八分熟，下酒、秋油，再下鱼肉，煨二分烂起锅，加葱、椒、韭，重用姜汁一大杯。

注释：

① 尹文端公：本名章佳·尹继善，字元长，号望山。满洲镶黄旗人。雍正、乾隆两朝名臣。著有十卷《尹文端公诗集》。袁枚应试时，差一点被淘汰，尹文端公力排众议将他录取，袁枚一生感激其知遇之恩。

② 鲟鳇：鱼名。学名达氏鳇，或达氏鲟。

③ 明骨：脆骨。达氏鲟的头骨多是脆骨，可以吃。

黄　鱼

黄鱼切小块，酱酒郁[①]一个时辰，沥干。入锅爆炒两面黄，加金华豆豉一茶杯，甜酒一碗，秋油一小杯，同滚。候卤干色红，加糖，加瓜[②]、姜[③]收起，有沉浸浓郁之妙。又一法，将黄鱼拆碎，入鸡汤作羹，微用甜酱水、纤粉收起之，亦佳。大抵黄鱼亦系浓厚之物，不可以清治之也。

注释：

① 郁：码味。此处指用酱油和酒涂抹黄鱼码味。

② 瓜：酱黄瓜。

③ 姜：酱姜。

班　鱼[①]

班鱼最嫩，剥皮去秽，分肝、肉二种，以鸡汤煨之，下酒三分、水二分、秋油一分。起锅时，加姜汁一大碗、葱数茎，杀去腥气。

注释：

① 班鱼：形状如河豚。鱼肉和鱼肝可以分开吃。班鱼肝，称为班肝。

假　蟹

煮黄鱼二条，取肉去骨，加生盐蛋四个，调碎，不拌入鱼肉；起油锅炮，下鸡汤滚，将盐蛋搅匀，加香蕈、葱、姜汁、酒。吃时酌用醋。

特牲单

猪用最多，可称"广大教主"。宜古人
有特豚馈食之礼。作《特牲单》。

猪 头 二 法

洗净五斤重者，用甜酒三斤；七八斤者，用甜酒五斤。先将
猪头下锅同酒煮，下葱三十根、八角三钱，煮二百余滚；下秋油
一大杯、糖一两，候熟后尝咸淡，再将秋油加减；添开水要漫过
猪头一寸，上压重物，大火烧一炷香；退出大火，用文火细煨，
收干以腻为度；烂后即开锅盖，迟则走油①。一法：打木桶一个，
中用铜帘隔开，将猪头洗净，加作料闷②入桶③中，用文火隔汤
蒸之，猪头熟烂，而其腻垢悉从桶外流出，亦妙。

注释：

① 走油：猪油从猪肉中流失，味道会变。

② 闷：密封。

③ 桶：木桶状的蒸具，下有小孔。

猪蹄四法

蹄膀一只，不用爪，白水煮烂，去汤，好酒一斤，清酱酒杯半，陈皮一钱，红枣四五个，煨烂。起锅时，用葱、椒、酒泼入，去陈皮、红枣，此一法也。又一法：先用虾米煎汤代水，加酒、秋油煨之。又一法：用蹄膀一只，先煮熟，用素油灼皱其皮，再加作料红煨。有土人好先掇食其皮，号称"揭单被"。又一法：用蹄膀一个，两钵合之[①]，加酒、加秋油，隔水蒸之，以二枝香为度，号"神仙肉"。钱观察家制最精。

注释：

① 合之：两个蒸钵上下反扣合拢。

猪 爪[①]、猪 筋

专取猪爪，剔去大骨，用鸡肉汤清煨之。筋味与爪相同，可以搭配；有好腿爪，亦可搀入。

注释：

① 猪爪：掉蹄膀后猪蹄。前腿猪蹄肉多，后腿猪蹄筋多。

猪 肚 二 法

将肚洗净，取极厚处，去上下皮，单用中心，切骰子块，滚油炮炒，加作料起锅，以极脆为佳。此北人法也。南人白水加酒，煨两枝香，以极烂为度，蘸清盐食之，亦可；或加鸡汤作料，煨烂熏切，亦佳。

猪 肺 二 法

洗肺最难，以冽尽肺管血水，剔去包衣为第一着。敲之仆之，挂之倒之，抽管割膜，工夫最细。用酒水滚一日一夜。肺缩小如一片白芙蓉，浮于汤面，再加作料。上口如泥。汤西厓少宰①宴客，每碗四片，已用四肺矣。近人无此工夫，只得将肺拆碎，入鸡汤煨烂亦佳。得野鸡汤更妙，以清配清故也。用好火腿煨亦可。

注释：

① 汤西厓少宰：汤西厓，即汤右曾，字西厓，杭州人，康熙朝吏部侍郎，诗人，著有《怀清堂集》。袁枚生前没有见过此人，记载的是传闻。少宰，清朝官场代称吏部侍郎为少宰。

猪 腰

腰片炒枯则木，炒嫩则令人生疑；不如煨烂，蘸椒盐食之为佳。

或加作料亦可。只宜手摘，不宜刀切。但须一日工夫，才得如泥耳。此物只宜独用，断不可搀入别菜中，最能夺味而惹腥。煨三刻则老，煨一日则嫩。

猪里肉 [①]

猪里肉，精而且嫩。人多不食。尝在扬州谢蕴山太守 [②] 席上，食而甘之。云以里肉切片，用纤粉团成小把，入虾汤中，加香蕈、紫菜清煨，一熟便起。

注释：

①里肉：里脊。

②扬州谢蕴山太守：扬州知府谢蕴山。即谢启昆，字良壁，号蕴山。清朝方志学家。

白片肉

须自养之猪，宰后入锅，煮到八分熟，泡在汤中，一个时辰取起。将猪身上行动之处，薄片上桌，不冷不热，以温为度。此是北人擅长之菜。南人效之，终不能佳。且零星市脯，亦难用也。寒士请客，宁用燕窝，不用白片肉，以非多不可故也。割法须用小快刀片之，以肥瘦相参，横斜碎杂为佳，与圣人"割不正不食 [①]"

一语，截然相反。其猪身，肉之名目甚多。满洲"跳神肉②"最妙。

注释：

① 割不正不食：出自《论语·乡党》，其中记载了十二条饮食的规矩，第十一条就是"割不正不食"。意思是切割得不规整的肉就不吃。

② 跳神肉：满族萨满巫师祭祀称为跳神，祭祀所用的猪肉全部白水煮熟，祭祀完毕，众人切割分食。

红煨肉三法

或用甜酱，或用秋油，或竟不用秋油、甜酱。每肉一斤，用盐三钱，纯酒煨之；亦有用水者，但须熬干水气。三种治法皆红如琥珀，不可加糖炒色。早起锅则黄，当可则红，过迟则红色变紫，而精肉转硬。常起锅盖则油走，而味都在油中矣。大抵割肉虽方，以烂到不见锋棱，上口而精肉俱化为妙。全以火候为主。谚云："紧火粥，慢火肉。"至哉言乎！

白煨肉

每肉一斤，用白水煮八分好，起出去汤；用酒半斤、盐二钱半，煨一个时辰。用原汤一半加入，滚干汤腻为度，再加葱、椒、木耳、韭菜之类。火先武后文。又一法：每肉一斤，用糖一钱、酒半斤、水一斤、清酱半茶杯；先放酒，滚肉一二十次，加茴香一钱，加水闷烂，亦佳。

油 灼 肉

用硬短勒^①切方块，去筋襻，酒酱郁过，入滚油中炮炙^②之，使肥者不腻，精者肉松。将起锅时，加葱、蒜，微加醋喷之。

注释：

① 硬短勒：五花肉。
② 炮炙：在滚油中煎炸。

干 锅 蒸 肉

用小磁钵，将肉切方块，加甜酒、秋油，装大钵内封口，放锅内，下用文火干蒸之。以两枝香为度，不用水。秋油与酒之多寡，相肉而行，以盖满肉面为度。

盖 碗 装 肉

放手炉^①上。法与前同。

注释：

① 手炉：冬天暖手的铜炉，小巧，可以捧在手上，也可以笼于衣袖中。用来蒸煮肉食，需要更多的时间。

磁坛装肉

放砻糠中①慢煨。法与前同。总须封口。

注释：

① 放砻（lóng）糠中：将磁坛放在砻糠中慢慢煨煮。砻：状如石磨，磨米磨麦，使谷壳或麦皮脱离米粒或麦粒。糠：磨碾后得到的谷壳或麦皮。

脱沙肉

去皮切碎，每一斤用鸡子三个，青黄俱用，调和拌肉，再斩碎；入秋油半酒杯，葱末拌匀，用网油①一张裹之；外再用菜油四两，煎两面，起出去油；用好酒一茶杯、清酱半酒杯，闷透，提起切片；肉之面上，加韭菜、香蕈、笋丁。

注释：

① 网油：从猪肥肠里面轻轻揭下来的网状油脂。

晒 干 肉

切薄片精肉，晒烈日中，以干为度。用陈大头菜，夹片干炒。

火 腿 煨 肉

火腿切方块，冷水滚三次，去汤沥干；将肉切方块，冷水滚二次，去汤沥干；放清水煨，加酒四两、葱、椒、笋、香蕈。

台 鲞 煨 肉

法与火腿煨肉同。鲞易烂，须先煨肉至八分，再加鲞；凉之则号"鲞冻"。绍兴人菜也。鲞不佳者，不必用。

粉 蒸 肉

用精肥参半之肉，炒米粉黄色，拌面酱蒸之，下用白菜作垫。熟时不但肉美，菜亦美。以不见水，故味独全。江西人菜也。

熏 煨 肉

先用秋油、酒将肉煨好，带汁上木屑，略熏之，不可太久，使干湿参半，香嫩异常。吴小谷广文^①家，制之精极。

注释：

① 吴小谷广文：吴玉墀，字小谷。曾任浙中校官。杭州人。《随园诗话》中记有他的诗。广文，清朝官场代指儒学教官。

芙 蓉 肉

精肉一斤，切片，清酱拖过，风干一个时辰。用大虾肉四十个，猪油二两，切骰子大，将虾肉放在猪肉上。一只虾，一块肉，敲扁，将滚水煮熟撩起。熬菜油半斤，将肉片放在眼铜勺内，将滚油灌熟^①。再用秋油半酒杯、酒一杯、鸡汤一茶杯，熬滚，浇肉片上，加蒸粉、葱、椒糁上起锅。

注释：

① 灌熟：把滚油浇在肉上，使肉熟透。

荔 枝 肉

用肉切大骨牌片，放白水煮二三十滚，撩起；熬菜油半斤，将肉放入炮透，撩起，用冷水一激，肉皱，撩起；放入锅内，用酒半斤、清酱一小杯、水半斤，煮烂。

八 宝 肉

用肉一斤，精肥各半，白煮一二十滚，切柳叶片。小淡菜二两，鹰爪①二两，香蕈一两，花海蜇二两，胡桃肉四个去皮，笋片四两，好火腿二两，麻油一两。将肉入锅，秋油、酒煨至五分熟，再加余物，海蜇下在最后。

注释：

① 鹰爪：鹰爪茶，茶的嫩芽。

菜 花 头 煨 肉

用台心菜嫩蕊，微腌，晒干用之。

炒 肉 丝

切细丝，去筋襻、皮、骨，用清酱、酒郁片时，用菜油熬起，白烟变青烟后，下肉炒匀，不停手，加蒸粉，醋一滴，糖一撮，葱白、韭蒜之类；只炒半斤，大火，不用水。又一法：用油泡后，用酱水加酒略煨，起锅红色，加韭菜尤香。

炒 肉 片

将肉精、肥各半，切成薄片，清酱拌之。入锅油炒，闻响即加酱、水、葱、瓜、冬笋、韭芽，起锅火要猛烈。

八 宝 肉 圆

猪肉精、肥各半，斩成细酱，用松仁、香蕈、笋尖、荸荠、瓜、姜之类，斩成细酱，加纤粉和捏成团，放入盘中，加甜酒、秋油蒸之。入口松脆。家致华云："肉圆宜切，不宜斩。"必别有所见。

空 心 肉 圆

将肉捶碎郁过，用冻猪油一小团作馅子，放在团内蒸之，则油流去，而团子空心矣。此法镇江人最善。

锅 烧 肉

煮熟不去皮，放麻油灼过，切块加盐，或蘸清酱，亦可。

酱 肉

先微腌，用面酱酱之，或单用秋油拌郁，风干。

糟 肉

先微腌，再加米糟。

暴 腌 肉

微盐擦揉，三日内即用。以上三味，皆冬月菜也。春夏不宜。

尹 文 端 公 家 风 肉

杀猪一口，斩成八块，每块炒盐四钱，细细揉擦，使之无微不到。然后高挂有风无日处。偶有虫蚀，以香油涂之。夏日取用，先放水中泡一宵，再煮，水亦不可太多太少，以盖肉面为度。削片时，用快刀横切，不可顺肉丝而斩也。此物惟尹府至精，常以进贡。今徐州风肉不及，亦不知何故。

家 乡 肉

杭州家乡肉，好丑不同。有上、中、下三等。大概淡而能鲜，精肉可横咬者为上品。放久即是好火腿。

笋 煨 火 肉 [①]

冬笋切方块，火肉切方块，同煨。火腿撤去盐水两遍，再入冰糖煨烂。席武山别驾[②]云：凡火肉煮好后，若留作次日吃者，须留原汤，待次日将火肉投入汤中滚热才好。若干放离汤，则风燥而肉枯；用白水，则又味淡。

注释：

① 火肉：火腿。

② 席武山别驾：席武山，湖南洞庭人，苏州副使。《随园诗话》记有其人行迹。别驾，清朝官场代指各级副官。

烧 小 猪

小猪一个，六七斤重者，钳毛^①去秽，叉上炭火炙之。要四面齐到，以深黄色为度。皮上慢慢以奶酥油涂之，屡涂屡炙。食时酥为上，脆次之，硬斯下矣。旗人有单用酒、秋油蒸者，亦惟吾家龙文弟，颇得其法。

注释：

① 钳毛：用夹钳去掉猪毛。

烧 猪 肉

凡烧猪肉，须耐性。先炙里面肉，使油膏走入皮内，则皮松脆而味不走。若先炙皮，则肉上之油尽落火上，皮既焦硬，味亦不佳。烧小猪亦然。

排 骨

取勒条排骨精肥各半者，抽去当中直骨，以葱代之，炙用醋、酱，频频刷上，不可太枯。

罗蓑肉

以作鸡松法作之。存盖面之皮。将皮下精肉斩成碎团，加作料烹熟。聂厨能之。

端州 ① 三 种 肉

一罗蓑肉。一锅烧白肉，不加作料，以芝麻、盐拌之。切片煨好，以清酱拌之。三种俱宜于家常。端州聂、李二厨所作。特令杨二学之。

注释：
① 端州：广东肇庆。

杨 公 圆

杨明府作肉圆，大如茶杯，细腻绝伦。汤尤鲜洁，入口如酥。大概去筋去节，斩之极细，肥瘦各半，用纤合匀。

黄 芽 菜 煨 火 腿

用好火腿，削下外皮，去油存肉。先用鸡汤，将皮煨酥，再将肉煨酥，放黄芽菜心，连根切段，约二寸许长；加蜜酒酿及水，连煨半日。上口甘鲜，肉菜俱化，而菜根及菜心丝毫不散。汤亦美极。朝天宫道士法也。

蜜 火 腿

取好火腿，连皮切大方块，用蜜酒煨极烂，最佳。但火腿好丑、高低，判若天渊。虽出金华、兰溪、义乌三处，而有名无实者多。其不佳者，反不如腌肉矣。惟杭州忠清里王三房家，四钱一斤者佳。余在尹文瑞公苏州公馆吃过一次，其香隔户便至，甘鲜异常。此后不能再遇此尤物矣。

杂牲单

牛、羊、鹿三牲，非南人家常时有之之物，
然制法不可不知，作《杂牲单》。

牛　肉

买牛肉法，先下各铺定钱^①，凑取^②腿筋夹肉处，不精不肥。
然后带回家中，剔去皮膜，用三分酒、二分水清煨，极烂，再加
秋油收汤。此太牢^③独味孤行者也，不可加别物配搭。

注释：

　　① 定钱：定金。

　　② 凑取：凑到一定数量再提取。

　　③ 太牢：祭祀用的牛称为太牢，羊称为少牢。此处代称牛肉。

牛　舌

牛舌最佳。去皮、撕膜、切片，入肉中同煨。亦有冬腌风干者，隔年食之，极似好火腿。

羊　头

羊头毛要去净，如去不净，用火烧之。洗净切开，煮烂去骨。其口内老皮，俱要去净。将眼睛切成二块，去黑皮，眼珠不用，切成碎丁。取老肥母鸡汤煮之，加香蕈、笋丁，甜酒四两，秋油一杯。如吃辣，用小胡椒十二颗、葱花十二段；如吃酸，用好米醋一杯。

羊　蹄

煨羊蹄，照煨猪蹄法，分红、白二色。大抵用清酱者红，用盐者白。山药配之宜。

羊　羹

取熟羊肉斩小块，如骰子大。鸡汤煨，加笋丁、香蕈丁、山药丁同煨。

羊肚羹

将羊肚洗净，煮烂切丝，用本汤煨之。加胡椒、醋俱可。北人炒法，南人不能如其脆。钱玙沙方伯^①家，锅烧羊肉极佳，将求其法。

注释：

①钱玙沙方伯：钱玙沙，袁枚的杭州同学，主政福建多年，《随园诗话》记有他的诗作。方伯，地方长官。

红煨羊肉

与红煨猪肉同。加刺眼核桃^①，放入去膻。亦古法也。

注释：

①刺眼核桃：在核桃外壳上打几个孔，就叫刺眼核桃。

炒羊肉丝

与炒猪肉丝同。可以用纤，愈细愈佳。葱丝拌之。

烧羊肉

羊肉切大块，重五七斤者，铁叉火上烧之。味果甘脆，宜惹宋仁宗夜半之思[1]也。

注释：

① 宋仁宗夜半之思：出自《宋史·仁宗本纪》："宫中夜饥，思膳烧羊。"

全羊

全羊法有七十二种，可吃者不过十八九种而已。此屠龙之技[1]，家厨难学。一盘一碗，虽全是羊肉，而味各不同才好。

注释：

① 屠龙之技：出自《庄子·列御寇》，有人练成屠龙之术，却无龙可屠。此处指烤全羊的厨艺是无用的高超技艺。

鹿肉

鹿肉不可轻得。得而制之，其嫩鲜在獐肉之上。烧食可，煨食亦可。

鹿 筋 二 法

鹿筋难烂。须三日前，先捶煮之，绞出臊水数遍，加肉汁汤煨之，再用鸡汁汤煨；加秋油、酒，微纤收汤；不搀他物，便成白色，用盘盛之。如兼用火腿、冬笋、香蕈同煨，便成红色，不收汤，以碗盛之。白色者，加花椒细末。

獐 肉

制獐肉，与制牛、鹿同。可以作脯。不如鹿肉之活，而细腻过之。

果 子 狸 ^①

果子狸，鲜者难得。其腌干者，用蜜酒酿，蒸熟，快刀切片上桌。先用米泔水^②泡一日，去尽盐秽。较火腿觉嫩而肥。

注释：

① 果子狸：灵猫科动物。体大如家猫，但较细长，四肢较短。
② 米泔水：淘米水。

假牛乳 ①

用鸡蛋清拌蜜酒酿，打掇入化 ②，上锅蒸之。以嫩腻为主。火候迟便老，蛋清太多亦老。

注释：

① 假牛乳：蒸鸡蛋清羹，白得像牛奶。

② 打掇入化：用筷子反复搅拌，彼此融合一体。

鹿 尾

尹文端公品味，以鹿尾为第一。然南方人不能常得。从北京来者，又苦不鲜新。余尝得极大者，用菜叶包而蒸之，味果不同。其最佳处，在尾上一道浆 ① 耳。

注释：

① 一道浆：指鹿尾上紧贴尾骨的一条肥肉。

羽 族 单

鸡功最巨，诸菜赖之。如善人积阴德而人不知。故令领羽族之首，而以他禽附之。作《羽族单》。

白 片 鸡

肥鸡白片，自是太羹①、玄酒②之味。尤宜于下乡村、入旅店，烹饪不及之时，最为省便。煮时水不可多。

注释：

①太羹：指不加各种味道的清澈的肉汤。出自《周礼》："祭祀供太羹、铏羹。"

②玄酒：上古祭祀用的酒，多次过滤后如同清水，毫无杂质，再浸泡巴茅嫩芯提取清香，又名为巴茅祭酒。

鸡　松

肥鸡一只，用两腿，去筋骨剁碎，不可伤皮。用鸡蛋清、粉纤、松子肉同剁成块。如腿不敷用，添脯子肉，切成方块，用香油灼黄，起放钵头内，加百花酒半斤、秋油一大杯、鸡油一铁勺，加冬笋、香蕈、姜、葱等。将所余鸡骨皮盖面，加水一大碗，下蒸笼蒸透，临吃去之。

生　炮^①　鸡

小雏鸡斩小方块，秋油、酒拌，临吃时拿起，放滚油内灼之，起锅又灼，连灼三回，盛起，用醋、酒、粉纤、葱花喷之。

注释：

① 生炮：生肉入滚油炮炸。

鸡　粥

肥母鸡一只，用刀将两脯肉去皮细刮，或用刨刀^①亦可；只可刮刨，不可斩，斩之便不腻矣。再用余鸡熬汤下之。吃时加细米粉、火腿屑、松子肉，共敲碎放汤内。起锅时放葱、姜，浇鸡油，或去渣，或存渣，俱可。宜于老人。大概斩碎者去渣，刮刨者不去渣。

注释：

① 刨刀：用来刨刮根块食物的厨房专用刀，很少用来刨刮肉食。

焦　鸡

肥母鸡洗净，整下锅煮。用猪油四两、茴香四个，煮成八分熟；再拿香油灼黄，还下原汤熬浓，用秋油、酒、整葱收起。临上片碎，并将原卤浇之，或拌蘸亦可。此杨中丞家法也，方辅①兄家亦好。

注释：

① 方辅：字密庵，徽州人，书法家，诗人，善于制墨，客居扬州。

捶　鸡

将整鸡捶碎，秋油、酒煮之。南京高南昌太守①家制之最精。

注释：

① 南京高南昌太守：南京知府高南昌，江西南昌人。袁枚为江宁令时的顶头上司。

炒鸡片

用鸡脯肉去皮，斩成薄片。用豆粉、麻油、秋油拌之，纤粉调之，鸡蛋清拌。临下锅加酱、瓜、姜、葱花末。须用极旺之火炒。一盘不过四两，火气才透。

蒸小鸡

用小嫩鸡雏，整放盘中，上加秋油、甜酒、香蕈、笋尖，饭锅上蒸之。

酱鸡

生鸡一只，用清酱浸一昼夜，而风干之。此三冬菜也。

鸡丁

取鸡脯子，切骰子小块，入滚油炮炒①之，用秋油、酒收起；加荸荠丁、笋丁、香蕈丁拌之，汤以黑色为佳。

注释：

① 炮炒：爆炒，急火滚油快速翻炒。

鸡　圆

斩鸡脯子肉为圆，如酒杯大，鲜嫩如虾团。扬州臧八太爷家制之最精。法用猪油、萝卜、纤粉揉成，不可放馅。

蘑菇煨鸡

口蘑菇[①]四两，开水泡去砂，用冷水漂，牙刷擦，再用清水漂四次；用菜油二两炮透，加酒喷。将鸡斩块放锅内，滚去沫，下甜酒、清酱，煨八分功程，下蘑菇，再煨二分功程，加笋、葱、椒起锅，不用水，加冰糖三钱。

注释：

① 口蘑菇：口蘑，北方草原特产，因张家口是此种蘑菇的主要集散地，称为口蘑。

梨炒鸡

取雏鸡胸肉切片，先用猪油三两熬熟，炒三四次，加麻油一瓢，纤粉、盐花、姜汁、花椒末各一茶匙，再加雪梨薄片、香蕈小块，炒三四次起锅，盛五寸盘。

假 野 鸡 卷

将脯子斩碎，用鸡子一个，调清酱郁之，将网油画碎，分包小包，油里炮透，再加清酱、酒作料，香蕈、木耳起锅，加糖一撮。

黄 芽 菜 炒 鸡

将鸡切块，起油锅生炒透，酒滚二三十次，加秋油后滚二三十次，下水滚。将菜切块，俟鸡有七分熟，将菜下锅，再滚三分，加糖、葱、大料。其菜要另滚熟搀用。每一只用油四两。

栗 子 炒 鸡

鸡斩块，用菜油二两炮，加酒一饭碗，秋油一小杯，水一饭碗，煨七分熟。先将栗子煮熟，同笋下之，再煨三分起锅，下糖一撮。

灼 八 块

嫩鸡一只，斩八块，滚油炮透，去油，加清酱一杯、酒半斤，煨熟便起，不用水，用武火。

珍 珠 团

熟鸡脯子，切黄豆大块，清酱、酒拌匀，用干面滚满，入锅炒。炒用素油。

黄 芪 [①] 蒸 鸡 治 瘵 [②]

取童鸡未曾生蛋者杀之，不见水，取出肚脏，塞黄芪一两，架箸放锅内蒸之，四面封口，熟时取出。卤浓而鲜，可疗弱症。

注释：

① 黄芪（qí）：一味中药。李时珍称之为"补药之长"。很多药膳中都要用黄芪。

② 瘵（zhài）：病。

卤 鸡

刟囵鸡一只，肚内塞葱三十条、茴香二钱，用酒一斤、秋油一小杯半，先滚一枝香，加水一斤、脂油二两，一齐同煨；待鸡熟，取出脂油。水要用熟水，收浓卤一饭碗才取起；或拆碎，或薄刀片之，仍以原卤拌食。

蒋　鸡

童子鸡一只，用盐四钱、酱油一匙、老酒半茶杯、姜三大片，放砂锅内，隔水蒸烂，去骨，不用水。蒋御史[1]家法也。

注释：

[1] 蒋御史：蒋和宁，乾隆十七年进士，曾任湖广道监察御史。江苏常州人。他壮年归隐，在故乡讲学，造就了清朝诗坛的"毗陵七子"，事迹见洪亮吉所著《外家纪闻》。《随园诗话》记载有他的诗句。

唐　鸡

鸡一只，或二斤，或三斤，如用二斤者，用酒一饭碗、水三饭碗；用三斤者，酌添。先将鸡切块，用菜油二两，候滚熟，爆鸡要透；先用酒滚一二十滚，再下水约二三百滚；用秋油一酒杯；起锅时加白糖一钱。唐静涵[1]家法也。

注释：

[1] 唐静涵：袁枚挚友，江苏苏州人，《随园诗话》称唐静涵有豪气。唐静涵的长子唐湘昀长期住在随园，是袁枚的得意弟子。袁枚有《哭唐静涵十二首》传世。

鸡　肝

用酒、醋喷炒，以嫩为贵。

鸡　血

取鸡血为条，加鸡汤、酱、醋、纤粉作羹，宜于老人。

鸡　丝

拆鸡为丝[①]，秋油、芥末、醋拌之。此杭州菜也。加笋加芹俱可。用笋丝、秋油、酒炒之亦可。拌者用熟鸡；炒者用生鸡。

注释：

① 拆鸡为丝：将鸡拆骨去皮，用手把鸡肉撕成肉丝。

糟　鸡

糟鸡法，与糟肉同。

鸡　肾

取鸡肾三十个，煮微熟，去皮，用鸡汤加作料煨之。鲜嫩绝伦。

鸡　蛋

鸡蛋去壳放碗中，将竹箸打一千回蒸之，绝嫩。凡蛋一煮而老，一千煮而反嫩。加茶叶煮者，以两炷香为度。蛋一百，用盐一两；五十，用盐五钱。加酱煨亦可。其他则或煎或炒俱可。斩碎黄雀蒸之，亦佳。

野 鸡 五 法

野鸡披①胸肉，清酱郁过，以网油包放铁奁上烧之。作方片可，作卷子亦可。此一法也。切片加作料炒，一法也。取胸肉作丁，一法也。当家鸡整煨，一法也。先用油灼拆丝，加酒、秋油、醋，同芹菜冷拌，一法也。生片其肉，入火锅中，登时便吃，亦一法也。其弊在肉嫩则味不入，味入则肉又老。

注释：

①披：这里指片下来。

赤 炖 肉 鸡

赤炖肉鸡，洗切净，每一斤用好酒十二两、盐二钱五分、冰糖四钱，研酌加桂皮，同入砂锅中，文炭火煨之。倘酒将干，鸡肉尚未烂，每斤酌加清开水一茶杯。

蘑 菇 煨 鸡

鸡肉一斤、甜酒一斤、盐三钱、冰糖四钱，蘑菇用新鲜不霉者，文火煨两枝线香 ① 为度。不可用水。先煨鸡八分熟，再下蘑菇。

注释：

① 线香：也叫直条香，无木棍，用柏木屑和香料做成，燃烧时间比较长，因此常常作为时间计量单位，称为"香寸"。

鸽 子

鸽子加好火腿同煨，甚佳。不用火肉，亦可。

鸽 蛋

煨鸽蛋法，与煨鸡肾同。或煎食亦可，加微醋亦可。

野　鸭

野鸭切厚片，秋油郁过，用两片雪梨夹住炮炒之。苏州包道台家制法最精，今失传矣。用蒸家鸭法蒸之，亦可。

蒸　鸭

生肥鸭去骨，内用糯米一酒杯，火腿丁、大头菜丁、香蕈、笋丁、秋油、酒、小磨麻油、葱花，俱灌鸭肚内；外用鸡汤放盘中，隔水蒸透。此真定[①]魏太守家法也。

注释：

① 真定：河北正定。

鸭 糊 涂

用肥鸭，白煮八分熟，冷定去骨，拆成天然不方不圆之块，下原汤内煨，加盐三钱、酒半斤，捶碎山药，同下锅作纤。临煨烂时，再加姜末、香蕈、葱花。如要浓汤，加放粉纤。以芋代山药亦妙。

卤　鸭

不用水，用酒，煮鸭去骨，加作料食之。高要^①令杨公家法也。

注释：
① 高要：广东高要。

鸭　脯

用肥鸭，斩大方块，用酒半斤、秋油一杯、笋、香蕈、葱花闷之，收卤起锅。

烧　鸭

用雏鸭，上叉烧之。冯观察家厨最精。

挂 卤 鸭

塞葱鸭腹，盖闷而烧。水西门许店最精。家中不能作。有黄、黑二色，黄者更妙。

干 蒸 鸭

杭州商人何星举家干蒸鸭。将肥鸭一只，洗净斩八块，加甜酒、秋油，淹满鸭面，放磁罐中封好，置干锅中蒸之；用文炭火，不用水，临上时，其精肉皆烂如泥。以线香二枝为度。

野 鸭 团

细斩野鸭胸前肉，加猪油微纤，调揉成团，入鸡汤滚之。或用本鸭汤亦佳。太兴孔亲家制之，甚精。

徐 鸭

顶大鲜鸭一只，用百花酒十二两、青盐一两二钱、滚水一汤碗，冲化去渣沫，再兑冷水七饭碗，鲜姜四厚片，约重一两，同入大瓦盖钵内，将皮纸封固口，用大火笼烧透大炭吉①三元（约二文一个）；外用套包一个，将火笼罩定，不可令其走气。约早点时炖起，至晚方好。速则恐其不透，味便不佳矣。其炭吉烧透后，不宜更换瓦钵，亦不宜预先开看。鸭破开时，将清水洗后，用洁净无浆布拭干入钵。

注释：

① 炭吉：上等木炭，燃烧时无烟。

煨麻雀

取麻雀五十只，以清酱、甜酒煨之，熟后去爪脚，单取雀胸、头肉，连汤放盘中，甘鲜异常。其他鸟鹊俱可类推。但鲜者一时难得。薛生白①常劝人："勿食人间豢养之物。"以野禽味鲜，且易消化。

注释：

① 薛生白：薛雪，字生白，号一瓢，又号槐云道人。苏州吴县人。因母亲多病，研习医学，成为一代名医。著有《一瓢斋诗存》《一瓢诗话》《周易粹义》《薛生白医案》等等。

煨鹌鹑、黄雀

鹌鹑用六合来者最佳。有现成制好者。黄雀用苏州糟加蜜酒煨烂，下作料，与煨麻雀同。苏州沈观察①煨黄雀，并骨如泥，不知作何制法。炒鱼片亦精。其厨馔之精，合吴门推为第一。

注释：

① 苏州沈观察：沈永之，袁枚同学，《随园诗话》记有他的诗句。

云 林 鹅

《倪云林集》[①]中，载制鹅法。整鹅一只，洗净后，用盐三钱擦其腹内，塞葱一帚填实其中，外将蜜拌酒通身满涂之；锅中一大碗酒、一大碗水蒸之，用竹箸架之，不使鹅身近水。灶内用山茅二束，缓缓烧尽为度。俟锅盖冷后，揭开锅盖，将鹅翻身，仍将锅盖封好蒸之，再用茅柴一束，烧尽为度；柴俟其自尽，不可挑拨。锅盖用绵纸糊封，逼燥裂缝，以水润之。起锅时，不但鹅烂如泥，汤亦鲜美。以此法制鸭，味美亦同。每茅柴一束，重一斤八两。擦盐时，串入葱、椒末子，以酒和匀。《云林集》中，载食品甚多，只此一法，试之颇效，余俱附会。

注释：

①《倪云林集》：全名为《云林堂饮食制度集》。云林，倪瓒，字元镇，号云林，元朝画家。

烧 鹅

杭州烧鹅，为人所笑，以其生也。不如家厨自烧为妙。

水族有鳞单

鱼皆去鳞，惟鲥鱼不去。我道有鳞而
鱼形始全。作《水族有鳞单》。

边　鱼

边鱼活者，加酒、秋油蒸之。玉色为度。一作呆白色[①]，则
肉老而味变矣。并须盖好，不可受锅盖上之水气。临起加香蕈、
笋尖。或用酒煎亦佳。用酒不用水，号"假鲥鱼"。

注释：

　①呆白色：呆滞的白色，鱼肉肌纤维收缩老化后就是这种白色。

鲫　鱼

鲫鱼先要善买。择其扁身而带白色者，其肉嫩而松；熟后一

提，肉即卸骨而下。黑脊浑身者，崛强槎丫，鱼中之喇子^①也，断不可食。照边鱼蒸法最佳。其次煎吃亦妙。拆肉下可以作羹。通州^②人能煨之，骨尾俱酥，号"酥鱼"，利小儿食。然总不如蒸食之得真味也。六合龙池出者，愈大愈嫩，亦奇。蒸时用酒不用水，稍稍用糖以起其鲜。以鱼之小大，酌量秋油、酒之多寡。

注释：

① 喇子：街头小流氓。

② 通州：江苏南通。

白　鱼

白鱼肉最细。用糟鲥鱼同蒸之，最佳。或冬日微腌，加酒酿糟二日，亦佳。余在江中得网起活者，用酒蒸食，美不可言。糟之最佳，不可太久，久则肉木矣。

季　鱼

季鱼少骨，炒片最佳。炒者以片薄为贵。用秋油细郁后，用纤粉、蛋清搂之，入油锅炒，加作料炒之。油用素油。

土 步 鱼 ^①

杭州以土步鱼为上品。而金陵人贱之，目为虎头蛇，可发一笑。肉最松嫩。煎之、煮之、蒸之俱可。加腌芥作汤、作羹，尤鲜。

注释：

① 土步鱼：沙鳢。此鱼冬日伏于水底，附土而行，故古时称为"土步鱼"。

鱼 松

用青鱼、鲩鱼蒸熟，将肉拆下，放油锅中灼之，黄色，加盐花、葱、椒、瓜、姜。冬日封瓶中，可以一月。

鱼 圆

用白鱼、青鱼活者，剖半钉板上，用刀刮下肉，留刺在板上；将肉斩化，用豆粉、猪油拌，将手搅之；放微微盐水，不用清酱，加葱、姜汁作团，成后，放滚水中煮熟撩起，冷水养之，临吃入鸡汤、紫菜滚。

鱼　片

取青鱼、季鱼片，秋油郁之，加纤粉、蛋清，起油锅炮炒，用小盘盛起，加葱、椒、瓜、姜，极多不过六两，太多则火气不透。

连鱼 ① 豆腐

用大连鱼煎熟，加豆腐，喷酱、水、葱、酒滚之，俟汤色半红起锅，其头味尤美。此杭州菜也。用酱多少，须相鱼而行。

注释：

① 连鱼：鲢鱼，俗称胖头鱼，一般只吃鱼头。

醋搂鱼

用活青鱼切大块，油灼之，加酱、醋、酒喷之，汤多为妙。俟熟即速起锅。此物杭州西湖上五柳居最有名。而今则酱臭而鱼败矣。甚矣！宋嫂鱼羹 ①，徒存虚名。《梦粱录》② 不足信也。鱼不可大，大则味不入；不可小，小则刺多。

注释：

① 宋嫂鱼羹：出自宋朝周密的《武林旧事》，南宋临安城有个

宋五嫂烹制的鱼羹，深受宋高宗喜爱，成为当时名菜。

②《梦粱录》：南宋吴自牧写的一部笔记。

银　鱼

银鱼起水时，名冰鲜。加鸡汤、火腿汤煨之。或炒食甚嫩。干者泡软，用酱水炒亦妙。

台　鲞

台鲞好丑不一。出台州松门者为佳，肉软而鲜肥。生时拆之，便可当作小菜，不必煮食也；用鲜肉同煨，须肉烂时放鲞，否则鲞消化不见矣，冻之即为鲞冻。绍兴人法也。

糟　鲞

冬日用大鲤鱼腌而干之，入酒糟，置坛中，封口。夏日食之。不可烧酒作泡[①]。用烧酒者，不无辣味。

注释：

① 不可烧酒作泡：泡，浸泡腌制。不要用烧酒腌制。

虾子勒鲞 [1]

夏日选白净带子勒鲞，放水中一日，泡去盐味，太阳晒干，入锅油煎，一面黄取起，以一面未黄者铺上虾子，放盘中，加白糖蒸之，以一炷香为度。三伏日食之绝妙。

注释：

① 勒鲞：干勒鱼。

鱼　脯

活青鱼去头尾，斩小方块，盐腌透，风干，入锅油煎；加作料收卤，再炒芝麻滚拌起锅。苏州法也。

家 常 煎 鱼

家常煎鱼，须要耐性。将鲜鱼洗净，切块盐腌，压扁，入油中两面煤 [1] 黄，多加酒、秋油，文火慢慢滚之，然后收汤作卤，使作料之味全入鱼中。第此法指鱼之不活者而言。如活者，又以速起锅为妙。

注释：

① 煤（hàn）：干烧。

黄 姑 鱼

　　岳州①出小鱼，长二三寸，晒干寄来。加酒剥皮，放饭锅上，蒸而食之，味最鲜，号"黄姑鱼"。

注释：
　　① 岳州：湖南岳阳。

水 族 无 鳞 单

鱼无鳞者，其腥加倍，须加意烹饪，以姜、桂胜之。作《水族无鳞单》。

汤 鳗

鳗鱼最忌出骨。因此物性本腥重，不可过于摆布，失其天真，犹鲥鱼之不可去鳞也。清煨者，以河鳗一条，洗去滑涎，斩寸为段，入磁罐中，用酒水煨烂，下秋油起锅，加冬腌新芥菜作汤，重用葱、姜之类，以杀其腥。常熟顾比部[1]家，用纤粉、山药干煨，亦妙。或加作料，直置盘中蒸之，不用水。家致华分司[2]蒸鳗最佳。秋油、酒四六兑，务使汤浮于本身。起笼时尤要恰好，迟则皮皱味失。

注释：

① 常熟顾比部：姓顾的刑部官员，常熟人。比部，清朝官场代称刑部官员为比部。

② 家致华分司：家致华，扬州人。分司，清朝官场代称盐务官

为分司。

红煨鳗

鳗鱼用酒、水煨烂，加甜酱代秋油，入锅收汤煨干，加茴香、大料起锅。有三病宜戒者：一皮有皱纹，皮便不酥；一肉散碗中，箸夹不起；一早下盐豉，入口不化。扬州朱分司家制之最精。大抵红煨者以干为贵，使卤味收入鳗肉中。

炸　鳗

择鳗鱼大者，去首尾，寸断之。先用麻油炸熟，取起；另将鲜蒿菜嫩尖入锅中，仍用原油炒透，即以鳗鱼平铺菜上，加作料，煨一炷香。蒿菜分量，较鱼减半。

生炒甲鱼

将甲鱼去骨，用麻油炮炒之，加秋油一杯、鸡汁一杯。此真定魏太守家法也。

酱 炒 甲 鱼

将甲鱼煮半熟，去骨，起油锅炮炒，加酱、水、葱、椒，收汤成卤，然后起锅。此杭州法也。

带 骨 甲 鱼

要一个半斤重者，斩四块，加脂油^①三两，起油锅煎两面黄，加水、秋油、酒煨；先武火，后文火，至八分熟加蒜，起锅用葱、姜、糖。甲鱼宜小不宜大。俗号"童子脚鱼"才嫩。

注释：

① 脂油：凝固成块状的猪油。

青 盐 ^① 甲 鱼

斩四块，起油锅炮透。每甲鱼一斤，用酒四两、大茴香三钱、盐一钱半，煨至半好，下脂油二两，切小豆块再煨，加蒜头、笋尖，起时用葱、椒，或用秋油，则不用盐。此苏州唐静涵家法。甲鱼大则老，小则腥，须买其中样者。

注释：

① 青盐：从盐湖中直接提取的食盐。

汤煨甲鱼

将甲鱼白煮，去骨拆碎，用鸡汤、秋油、酒煨汤二碗，收至一碗，起锅，用葱、椒、姜末糁之。吴竹屿[①]家制之最佳。微用纤，才得汤腻。

注释：

① 吴竹屿：画家，诗人。江苏苏州人。著有《昙香阁词》《古香堂集》，编撰多种县志。

全壳甲鱼

山东杨参将家，制甲鱼去首尾，取肉及裙，加作料煨好，仍以原壳覆之。每宴客，一客之前以小盘献一甲鱼。见者悚然，犹虑其动。惜未传其法。

鳝丝羹

鳝鱼煮半熟，划丝去骨，加酒、秋油煨之，微用纤粉，用真金菜、冬瓜、长葱为羹。南京厨者辄[①]制鳝为炭，殊不可解。

注释：

① 辄：动辄，动不动。

炒 鳝

拆鳝丝炒之，略焦，如炒肉鸡之法，不可用水。

段 鳝

切鳝以寸为段，照煨鳗法煨之，或先用油炙，使坚，再以冬瓜、鲜笋、香蕈作配，微用酱水，重用姜汁。

虾 圆

虾圆照鱼圆法。鸡汤煨之，干炒亦可。大概捶虾时，不宜过细，恐失真味。鱼圆亦然。或竟剥虾肉，以紫菜拌之，亦佳。

虾 饼

以虾捶烂，团而煎之，即为虾饼。

醉 虾

带壳用酒炙黄捞起，加清酱、米醋煨之，用碗闷之。临食放盘中，其壳俱酥。

炒 虾

炒虾照炒鱼法，可用韭配。或加冬腌芥菜，则不可用韭矣。有捶扁其尾单炒者，亦觉新异。

蟹

蟹宜独食，不宜搭配他物。最好以淡盐汤煮熟，自剥自食为妙。蒸者味虽全，而失之太淡。

蟹 羹

剥蟹为羹，即用原汤煨之，不加鸡汁，独用为妙。见俗厨从中加鸭舌，或鱼翅，或海参者，徒夺其味，而惹其腥恶，劣极矣！

炒 蟹 粉

以现剥现炒之蟹为佳。过两个时辰，则肉干而味失。

剥 壳 蒸 蟹

将蟹剥壳，取肉，取黄，仍置壳中，放五六只在生鸡蛋上蒸之。上桌时完然一蟹，惟去爪脚。比炒蟹粉觉有新色。杨兰坡明府以南瓜肉拌蟹，颇奇。

蛤 蜊

剥蛤蜊肉，加韭菜炒之①佳。或为汤亦可。起迟便枯。

注释：

① 加韭菜炒之：蛤蜊炒韭菜，性寒之物配性温之物，口感极佳。

蚶

蚶有三吃法。用热水喷之，半熟去盖，加酒、秋油醉之；或用鸡汤滚熟，去盖入汤；或全去其盖，作羹亦可。但宜速起，迟则肉枯。蚶出奉化①县，品在车螯、蛤蜊之上。

注释：

① 奉化：浙江奉化，盛产蚶。

车 螯 [1]

先将五花肉切片，用作料闷烂。将车螯洗净，麻油炒，仍将肉片连卤烹之。秋油要重些，方得有味。加豆腐亦可。车螯从扬州来，虑坏则取壳中肉，置猪油中，可以远行。有晒为干者，亦佳。入鸡汤烹之，味在蛏干之上。捶烂车螯作饼，如虾饼样，煎吃加作料亦佳。

注释：

① 车螯：蛤类贝壳。

程泽弓 [1] 蛏干

程泽弓商人家制蛏干，用冷水泡一日，滚水煮两日，撤汤五次。一寸之干，发开有二寸，如鲜蛏一般，才入鸡汤煨之。扬州人学之，俱不能及。

注释：

① 程泽弓：扬州商人。事迹见清朝李斗的《扬州画舫录》。

鲜 蛏

烹蛏法与车螯同。单炒亦可。何春巢 [1] 家蛏汤豆腐之妙，竟成绝品。

注释：

① 何春巢：浙江杭州人。《清稗类钞》记有何春巢一条："钱塘何春巢，名琪，嘉庆时人。隐居不仕，雅好花竹。"

水　鸡 ①

水鸡去身用腿，先用油灼之，加秋油、甜酒、瓜、姜起锅。或拆肉炒之，味与鸡相似。

注释：

① 水鸡：青蛙。

熏　蛋

将鸡蛋加作料煨好，微微熏干，切片放盘中，可以佐膳。

茶 叶 蛋

鸡蛋百个，用盐一两、粗茶叶煮两枝线香为度。如蛋五十个，只用五钱盐，照数加减。可作点心。

杂素菜单

菜有荤素,犹衣有表里也。富贵之人,
嗜素甚于嗜荤。作《素菜单》。

蒋侍郎豆腐

豆腐两面去皮,每块切成十六片,晾干,用猪油熬[1],清烟起才下豆腐,略洒盐花一撮,翻身后,用好甜酒一茶杯,大虾米一百二十个,如无大虾米,用小虾米三百个。先将虾米滚泡[2]一个时辰,秋油一小杯,再滚一回,加糖一撮,再滚一回,用细葱半寸许长,一百二十段,缓缓起锅。

注释:

① 用猪油熬:熬猪油。熬到猪油开始冒烟时下豆腐煎一面黄。

② 滚泡:用滚水浸泡。

杨 中 丞 豆 腐

用嫩豆腐，煮去豆气，入鸡汤，同鳆鱼片滚数刻，加糟油、香蕈起锅。鸡汁须浓，鱼片要薄。

张 恺 豆 腐

将虾米捣碎，入豆腐中，起油锅，加作料干炒。

庆 元 豆 腐

将豆豉一茶杯，水泡烂，入豆腐同炒起锅。

芙 蓉 豆 腐

用腐脑^①，放井水泡三次，去豆气，入鸡汤中滚，起锅时加紫菜、虾肉。

注释：

① 腐脑：豆腐脑，豆花。

王太守^①八宝豆腐

用嫩片切粉碎，加香蕈屑、蘑菇屑、松子仁屑、瓜子仁屑、鸡屑、火腿屑，同入浓鸡汁中，炒滚起锅。用腐脑亦可。用瓢不用箸。孟亭太守云："此圣祖^②赐徐健庵^③尚书方也。尚书取方时，御膳房^④费一千两。"太守之祖楼村先生^⑤为尚书门生，故得之。

注释：

① 王太守：王箴舆，字敬倚，号孟亭。扬州宝应人。袁枚有诗《哭王孟亭太守》《过卫辉怀前郡守王孟亭》。

② 圣祖：康熙皇帝。

③ 徐健庵：徐乾学，字原一，号健庵。江苏昆山人。顾炎武的外甥。徐健庵记忆力惊人，事迹见《清稗类钞·异禀类》。

④ 御膳房：清宫厨房。

⑤ 楼村先生：王式丹，号楼村。王孟亭的祖父。

程立万豆腐

乾隆廿三年，同金寿门^①在扬州程立万^②家食煎豆腐，精绝无双。其腐两面黄干，无丝毫卤汁，微有车螯鲜味。然盘中并无车螯及他杂物也。次日告查宣门^③，查曰："我能之！我当特请。"已而，同杭堇莆同食于查家，则上箸大笑，乃纯是鸡、雀脑为之，并非真豆腐，肥腻难耐矣。其费十倍于程，而味远不及也。惜其时，余以妹丧急归，不及向程求方。程逾年亡，至今悔之。仍存其名，以俟再访。

注释：

① 金寿门：金农，字寿门，号冬心。清代书画家，扬州八怪之首。
② 程立万：扬州商人。
③ 查宣门：查开，字宣门，号香雨。浙江海宁人。曾任河南武陵令。

冻 豆 腐

将豆腐冻一夜，切方块，滚去豆味，加鸡汤汁、火腿汁、肉汁煨之。上桌时，撤去鸡、火腿之类，单留香蕈、冬笋。豆腐煨久则松，面起蜂窝①，如冻腐矣。故炒腐宜嫩，煨者宜老。家致华分司用蘑菇煮豆腐，虽夏月亦照冻腐之法，甚佳。切不可加荤汤，致失清味。

注释：

① 面起蜂窝：豆腐表面出现蜂窝状的小孔。豆腐煨煮时间长就会出现这种现象。

虾 油 豆 腐

取陈虾油代清酱炒豆腐。须两面煤黄。油锅要热，用猪油、葱、椒。

蓬 蒿 菜

取蒿尖，用油灼瘪，放鸡汤中滚之，起时加松菌①百枚。

注释：

①松菌：松林里生长的一种食用菌，味道鲜美，很容易变质，不好保存。又名枞木菌、枞菌。

蕨 菜①

用蕨菜，不可爱惜，须尽去其枝叶，单取直根，洗净煨烂，再用鸡肉汤煨。必买关东者才肥。

注释：

①蕨菜：嫩茎可以食用。还有一种很像蕨菜的，叫薇菜，采薇在古代是很有诗意的生活。

葛 仙 米①

将米细检淘净，煮半烂，用鸡汤、火腿汤煨。临上时，要只见米，不见鸡肉、火腿搀和才佳。此物陶方伯②家制之最精。

注释：

① 葛仙米：葛仙是东晋葛洪，字稚川，自号抱朴子。江苏句容人。道家名师，名医。著有《抱朴子》《肘后方》等等。葛仙米是指地耳，传说葛洪以此救太子，皇帝赐名为葛仙米。

② 陶方伯：陶镛，号西圃。安徽芜湖人，著有《西圃集》，袁枚挚友。传说陶西圃是《儒林外史》中范进的原型。

羊 肚 菜 ①

羊肚菜出湖北。食法与葛仙米同。

注释：

① 羊肚菜：羊肚菌，形状酷似羊肚。

石 发 ①

制法与葛仙米同。夏日用麻油、醋、秋油拌之，亦佳。

注释：

① 石发：石耳，生长在石头上的一种形似木耳的地衣。

珍 珠 菜

制法与蕨菜同。上江新安^①所出。

注释：

① 上江新安：新安江上游。

素 烧 鹅

煮烂山药，切寸为段，腐皮^①包，入油煎之，加秋油、酒、糖、瓜、姜，以色红为度。

注释：

① 腐皮：豆腐皮。做豆腐时，在冲浆之后，稍稍冷却，表面形成一道油膜，揭起来晾干就是腐皮。

韭

韭，荤物也。专取韭白，加虾米炒之便佳。或用鲜虾亦可，蚬亦可，肉亦可。

芹

芹，素物也，愈肥愈妙。取白根炒之，加笋，以熟为度。今人有以炒肉者，清浊不伦。不熟者，虽脆无味。或生拌野鸡，又当别论。

豆　芽

豆芽柔脆，余颇爱之。炒须熟烂，作料之味才能融洽。可配燕窝，以柔配柔，以白配白故也。然以极贱而陪极贵，人多嗤之。不知惟巢、由①正可陪尧、舜耳。

注释：

① 巢、由：巢父、许由，上古两大隐士。

茭　白 ①

茭白炒肉、炒鸡俱可。切整段，酱、醋炙之，尤佳。煨肉亦佳。须切片，以寸为度，初出太细者无味。

注释：

① 茭白：高笋。古人称之为菰。

青　菜

青菜择嫩者，笋炒之。夏日芥末拌，加微醋，可以醒胃。加火腿片，可以作汤。亦须现拔者才软。

台　菜

炒台菜心最懦^①，剥去外皮，入蘑菇、新笋作汤。炒食加虾肉，亦佳。

注释：

① 懦：糯，软柔。

白　菜

白菜炒食，或笋煨亦可。火腿片煨、鸡汤煨俱可。

黄 芽 菜

此菜以北方来者为佳。或用醋搂，或加虾米煨之，一熟便吃，迟则色、味俱变。

瓢儿菜

炒瓢菜心，以干鲜无汤为贵。雪压后更软。王孟亭太守家制之最精。不加别物，宜用荤油。

菠菜

菠菜肥嫩，加酱水、豆腐煮之。杭人名"金镶白玉板"是也。如此种菜虽瘦而肥，可不必再加笋尖、香蕈。

蘑菇

蘑菇不止作汤，炒食亦佳。但口蘑最易藏沙，更易受霉，须藏之得法，制之得宜。鸡腿蘑便易收拾，亦复讨好。

松菌

松菌加口蘑炒最佳①。或单用秋油泡食，亦妙。惟不便久留耳，置各菜中，俱能助鲜。可入燕窝作底垫，以其嫩也。

注释：

① 松菌加口蘑炒最佳：松菌出自南方，口蘑出自北方，两种蘑

菇混炒，美味无比。这道菜在清朝时很贵，因为松菌不易保存，当时俗称此菜为"南北烩"。

面 筋 二 法

　　一法，面筋入油锅炙枯，再用鸡汤、蘑菇清煨。一法，不炙，用水泡，切条入浓鸡汁炒之，加冬笋、天花^①。章淮树^②观察家制之最精。上盘时宜毛撕，不宜光切。加虾米泡汁，甜酱炒之，甚佳。

注释：

　　① 天花：一种蘑菇，五台山特产。

　　② 章淮树：章攀桂，字淮树。安徽桐城人。长期客居江宁。乾隆时期最有名的风水大师。

茄 二 法

　　吴小谷广文家，将整茄子削皮，滚水泡去苦汁，猪油炙之。炙时须待泡水干后，用甜酱水干煨，甚佳。卢八太爷家，切茄作小块，不去皮，入油灼微黄，加秋油炮炒，亦佳。是二法者，俱学之而未尽其妙，惟蒸烂划开，用麻油、米醋拌，则夏间亦颇可食。或煨干作脯，置盘中。

苋　羹

苋须细摘嫩尖，干炒，加虾米或虾仁，更佳。不可见汤。

芋　羹

芋性柔腻，入荤入素俱可。或切碎作鸭羹，或煨肉，或同豆腐加酱水煨。徐兆璜明府家，选小芋子，入嫩鸡煨汤，妙极！惜其制法未传。大抵只用作料，不用水。

豆腐皮

将腐皮泡软，加秋油、醋、虾米拌之，宜于夏日。蒋侍郎家入海参用，颇妙。加紫菜、虾肉作汤，亦相宜。或用蘑菇、笋煨清汤，亦佳。以烂为度。芜湖敬修和尚，将腐皮卷筒切段，油中微炙，入蘑菇煨烂，极佳。不可加鸡汤。

扁　豆

取现采扁豆，用肉、汤炒之，去肉存豆。单炒者油重为佳。以肥软为贵。毛糙而瘦薄者，瘠土所生，不可食。

瓠 子 、 王 瓜

将鲢鱼切片先炒，加瓠子，同酱汁煨。王瓜亦然。

煨木耳、香蕈

扬州定慧庵僧，能将木耳煨二分厚，香蕈煨三分厚。先取蘑菇熬汁为卤。

冬 瓜

冬瓜之用最多。拌燕窝、鱼肉、鳗、鳝、火腿皆可。扬州定慧庵所制尤佳。红如血珀，不用荤汤。

煨 鲜 菱

煨鲜菱，以鸡汤滚之。上时将汤撤去一半。池中现起者才鲜，浮水面者才嫩。加新栗、白果煨烂，尤佳，或用糖亦可。作点心亦可。

豇 豆

豇豆炒肉，临上时去肉存豆。以极嫩者，抽去其筋。

煨 三 笋

将天目笋[①]、冬笋、问政笋[②]，煨火鸡[③]汤，号"三笋羹"。

注释：

　① 天目笋：杭州天目山的笋。

　② 问政笋：安徽问政山的笋。

　③ 火鸡：雄鸡。

芋 煨 白 菜

芋煨极烂，入白菜心，烹之，加酱水调和，家常菜之最佳者。惟白菜须新摘肥嫩者，色青则老，摘久则枯。

香 珠 豆

毛豆[①]至八九月间晚收者，最阔大而嫩，号"香珠豆"。煮熟以秋油、酒泡之。出壳可，带壳亦可，香软可爱。寻常之豆，不可食也。

注释：

① 毛豆：未完全成熟的黄豆。

马　兰

马兰头菜，摘取嫩者，醋合笋拌食。油腻后食之，可以醒脾。

杨 花 菜

南京三月有杨花菜，柔脆与菠菜相似，名甚雅。

问 政 笋 丝

问政笋，即杭州笋也。徽州人送者，多是淡笋干，只好泡烂切丝，用鸡肉汤煨用。龚司马取秋油煮笋，烘干上桌，徽人食之，惊为异味。余笑其如梦之方醒也。

炒鸡腿蘑菇

芜湖大庵和尚，洗净鸡腿，蘑菇去沙，加秋油、酒炒熟，盛盘宴客，甚佳。

猪油煮萝卜

用熟猪油炒萝卜，加虾米煨之，以极熟为度。临起加葱花，色如琥珀。

小菜单

小菜佐食，如府史胥徒佐六官也。醒脾解浊，
全在于斯。作《小菜单》。

笋　脯

笋脯出处最多，以家园所烘为第一。取鲜笋加盐煮熟，上篮
烘之①。须昼夜环看②，稍火不旺则溲矣。用清酱者，色微黑。春笋、
冬笋皆可为之。

注释：

①上篮烘之：放在竹编的烘笼上烘干。篮，竹子编的烘笼，中
间置火钵，烧木炭。

②昼夜环看：白天黑夜都要注意照看。因为烘笋脯时炭火小了
笋脯会变味，要即时添加木炭。

天 目 笋

天目笋多在苏州发卖。其篓中盖面者最佳，下二寸便搀入老根硬节矣。须出重价，专买其盖面者数十条，如集狐成腋①之义。

注释：

① 集狐成腋：原典故出自《慎子·知忠》，成语为集腋成裘，意思是收集很多狐狸腋下的毛皮才可以制成狐裘。袁枚误写为集狐成腋，即积少成多的意思。

玉 兰 片

以冬笋烘片，微加蜜焉。苏州孙春杨家①有盐、甜二种，以盐者为佳。

注释：

① 苏州孙春杨：孙春杨应为孙春阳，袁枚误记了。宁波人孙春阳于明朝万历年间在苏州创立"孙春阳南货铺"商号，至太平天国战乱，历时240年，享誉天下。据考证，该商号很可能是世界上第一家大型自选超市。

素 火 腿

处州^①笋脯，号"素火腿"，即处片也。久之太硬，不如买毛笋自烘之为妙。

注释：

① 处州：浙江丽水。

宣 城 笋 脯

宣城^①笋尖，色黑而肥，与天目笋大同小异，极佳。

注释：

① 宣城：安徽宣州。

人 参 笋

制细笋如人参形，微加蜜水。扬州人重之，故价颇贵。

笋 油

笋十斤，蒸一日一夜，穿通其节，铺板上，如作豆腐法，上加一板压而榨之，使汁水流出，加炒盐一两，便是笋油。其笋晒干仍可作脯。天台僧制以送人。

糟　油

糟油出太仓州，愈陈愈佳。

虾　油

买虾子数斤，同秋油入锅熬之，起锅用布沥出秋油，仍将布包虾子，同放罐中盛油。

喇 虎 酱

秦椒捣烂，和甜酱蒸之，可屑虾米搀入。

熏 鱼 子

熏鱼子色如琥珀，以油重为贵。出苏州孙春杨家，愈新愈妙，陈则味变而油枯。

腌冬菜、黄芽菜

腌冬菜、黄芽菜，淡则味鲜，咸则味恶。然欲久放，则非盐不可。常腌一大坛，三伏时开之，上半截虽臭、烂，而下半截香美异常，色白如玉，甚矣！相士之不可但观皮毛也。

莴苣

食莴苣有二法：新酱者，松脆可爱；或腌之为脯，切片食甚鲜。然必以淡为贵，咸则味恶矣。

香干菜

春芥心风干，取梗淡腌，晒干，加酒、加糖、加秋油，拌后再加蒸之，风干入瓶。

冬芥

冬芥名雪里红。一法整腌，以淡为佳；一法取心风干、斩碎，腌入瓶中，熟后杂鱼羹中，极鲜。或用醋熨，入锅中作辣菜亦可，煮鳗、煮鲫鱼最佳。

春　芥

取芥心风干、斩碎，腌熟入瓶，号称"挪菜"。

芥　头

芥根切片，入菜同腌，食之甚脆。或整腌，晒干作脯，食之尤妙。

芝　麻　菜

腌芥晒干，斩之碎极，蒸而食之，号"芝麻菜"。老人所宜。

腐　干　丝

将好腐干切丝极细，以虾子、秋油拌之。

风　瘪　菜

将冬菜取心风干，腌后榨出卤，小瓶装之，泥封其口，倒放灰上。夏食之，其色黄，其臭香。

糟　菜

取腌过风瘪菜，以菜叶包之，每一小包，铺一面香糟，重叠放坛内。取食时，开包食之，糟不沾菜，而菜得糟味。

酸　菜

冬菜心风干微腌，加糖、醋、芥末，带卤入罐中，微加秋油亦可。席间醉饱之余，食之醒脾解酒。

台 菜 心

取春日台菜心腌之，榨出其卤，装小瓶之中，夏日食之。风干其花，即名菜花头，可以烹肉。

大 头 菜 ①

大头菜出南京承恩寺，愈陈愈佳。入荤菜中，最能发鲜。

注释：

① 大头菜：此处指的是腌制的大头菜。类似榨菜。

萝　卜

　　萝卜取肥大者，酱一二日即吃，甜脆可爱。有侯尼能制为鲞，煎片如蝴蝶，长至丈许，连翻不断，亦一奇也。承恩寺有卖者，用醋为之，以陈为妙。

乳　腐 [①]

　　乳腐，以苏州温将军庙前者为佳，黑色而味鲜。有干、湿二种，有虾子腐亦鲜，微嫌腥耳。广西白乳腐最佳。王库官家制亦妙。

注释：

　　① 乳腐：豆腐乳。关于豆腐乳的记载始于明末清初，最早见于方以智的《物理小识》。

酱 炒 三 果

　　核桃、杏仁去皮，榛子不必去皮。先用油炮脆，再下酱，不可太焦。酱之多少，亦须相物而行。

酱 石 花

将石花洗净入酱中，临吃时再洗。一名"麒麟菜"。

石 花 糕

将石花熬烂作膏，仍用刀划开，色如蜜蜡。

小 松 菌

将清酱同松菌入锅滚热，收起，加麻油入罐中。可食二日，久则味变。

吐 蚨 ①

吐蚨出兴化、泰兴。有生成极嫩者，用酒酿浸之，加糖则自吐其油，名为泥螺，以无泥为佳。

注释：

① 吐蚨（tiě）：泥螺。

海　蜇

用嫩海蜇，甜酒浸之，颇有风味。其光者名为白皮，作丝，酒、醋同拌。

虾 子 鱼

虾子鱼出苏州。小鱼生而有子。生时烹食之，较美于鲞。

酱　姜

生姜取嫩者微腌，先用粗酱套之①，再用细酱套之，凡三套而始成。古法用蝉退②一个入酱，则姜久而不老。

注释：
① 套之：完全糊满。
② 蝉退：蝉蜕。

酱　瓜 ①

将瓜腌后，风干入酱，如酱姜之法。不难其甜，而难其脆。杭州施鲁箴家制之最佳。据云：酱后晒干又酱，故皮薄而皱，上口脆。

注释：

① 酱瓜：酱黄瓜。

新 蚕 豆

新蚕豆之嫩者，以腌芥菜炒之，甚妙。随采随食方佳。

腌 蛋

腌蛋以高邮为佳，颜色红而油多。高文端公最喜食之。席间先夹取以敬客。放盘中，总宜切开带壳，黄、白兼用；不可存黄去白，使味不全，油亦走散。

混 套

将鸡蛋外壳微敲一小洞，将清、黄倒出，去黄用清，加浓鸡卤煨就者拌入，用箸打良久，使之融化，仍装入蛋壳中，上用纸封好，饭锅蒸熟，剥去外壳，仍浑然一鸡卵，此味极鲜。

茭 瓜 脯

茭瓜^①入酱，取起风干，切片成脯，与笋脯相似。

注释：

① 茭瓜：茭白。又名高笋。

牛 首 腐 干

豆腐干以牛首僧^①制者为佳。但山下卖此物者有七家，惟晓堂和尚家所制方妙。

注释：

① 牛首僧：牛首山僧人。

酱 王 瓜

王瓜初生时，择细者腌之入酱，脆而鲜。

点心单

梁昭明以点心为小食，郑馋嫂劝叔"且点心"，由来久矣。作《点心单》。

鳗　面

大鳗一条蒸烂，拆肉去骨，和入面中，入鸡汤清揉之，擀成面皮，小刀划成细条，入鸡汁、火腿汁、蘑菇汁滚。

温　面

将细面下汤沥干，放碗中，用鸡肉、香蕈浓卤，临吃，各自取瓢加上。

鳝　面

熬鳝成卤，加面再滚。此杭州法。

裙　带　面

以小刀截面成条，微宽，则号"裙带面"。大概作面，总以汤多为佳，在碗中望不见面为妙。宁使食毕再加，以便引人入胜。此法扬州盛行，恰甚有道理。

素　面

先一日将蘑菇蓬^①熬汁，定清^②；次日将笋熬汁，加面滚上。此法扬州定慧庵僧人制之极精，不肯传人。然其大概亦可仿求。其纯黑色的，或云暗用虾汁、蘑菇原汁，只宜澄去泥沙，不重换水；一换水，则原味薄矣。

注释：
　①蘑菇蓬：蘑菇去掉根部。
　②定清：让汤汁中的杂质沉淀。

蓑 衣 饼

干面用冷水调，不可多，揉擀薄后卷拢，再擀薄了，用猪油、白糖铺匀，再卷拢，擀成薄饼，用猪油煠黄。如要盐的，用葱椒盐亦可。

虾 饼

生虾肉，葱盐①、花椒、甜酒脚②少许，加水和面，香油灼透。

注释：

① 葱盐：用葱炒制过的盐。

② 甜酒脚：剩余在酒缸底部的甜酒渣。

薄 饼

山东孔藩台①家制薄饼，薄若蝉翼，大若茶盘，柔腻绝伦。家人如其法为之，卒不能及，不知何故。秦人制小锡罐，装饼三十张。每客一罐。饼小如柑。罐有盖，可以贮。馅用炒肉丝，其细如发。葱亦如之。猪、羊并用，号曰"西饼"。

注释：

① 藩台：清朝官场代称省级专管财赋和人事的官员布政使司为

藩台。

松 饼

南京莲花桥教门方店最精。

面 老 鼠

以热水和面，俟鸡汁滚时，以箸夹入，不分大小，加活菜心，别有风味。

颠 不 棱 （即肉饺也）

糊面摊开，裹肉为馅蒸之。其讨好处，全在作馅得法，不过肉嫩、去筋、加作料而已。余到广东，吃官镇台颠不棱，甚佳。中用肉皮煨膏为馅，故觉软美。

肉 馄 饨

作馄饨，与饺同。

韭　合 [①]

韭白拌肉，加作料，面皮包之，入油灼之。面内加酥 [②] 更妙。

注释：

① 韭合：韭菜合子。

② 酥：酥油。

糖　饼（又名面衣）

糖水糊面 [①]，起油锅令热，用箸夹入。其作成饼形者，号"软锅饼"。杭州法也。

注释：

① 糖水糊面：用糖水揉成面团。

烧　饼

用松子、胡桃仁敲碎，加冰糖屑、脂油，和面炙之，以两面黄为度，而加芝麻。扣儿会做，面罗至四五次，则白如雪矣。须用两面锅，上下放火，得奶酥更佳。

千层馒头

杨参戒[1]家制馒头，其白如雪，揭之如有千层。金陵人不能也。其法扬州得半，常州、无锡亦得其半。

注释：

① 参戒：参将，清朝官场代称参戒。

面 茶

熬粗茶汁，炒面兑入，加芝麻酱亦可，加牛乳亦可，微加一撮盐。无乳则加奶酥、奶皮亦可。

杏 酪

捶杏仁作浆，挍去渣，拌米粉，加糖熬之。

粉 衣

如作面衣之法。加糖、加盐俱可，取其便也。

竹 叶 粽

取竹叶裹白糯米煮之。尖小，如初生菱角。

萝 卜 汤 圆

萝卜刨丝滚熟，去臭气，微干，加葱、酱拌之，放粉团中作馅，再用麻油灼之，汤滚亦可。春圃方伯家制萝卜饼，扣儿学会。可照此法作韭菜饼、野鸡饼试之。

水 粉 汤 圆

用水粉和作汤团，滑腻异常，中用松仁、核桃、猪油、糖作馅，或嫩肉去筋丝捶烂，加葱末、秋油作馅亦可。作水粉法，以糯米浸水中一日夜，带水磨之，用布盛接，布下加灰，以去其渣，取细粉晒干用。

脂 油 糕

用纯糯粉拌脂油，放盘中蒸熟，加冰糖捶碎入粉中，蒸好用刀切开。

雪 花 糕

蒸糯饭捣烂，用芝麻屑加糖为馅，打成一饼，再切方块。

软 香 糕

软香糕，以苏州都林桥为第一。其次虎丘糕，西施家为第二。南京南门外报恩寺则第三矣。

百 果 糕

杭州北关外卖者最佳。以粉糯，多松仁、胡桃，而不放橙丁者为妙。其甜处非蜜非糖，可暂可久。家中不能得其法。

栗 糕

煮栗极烂，以纯糯粉加糖为糕蒸之，上加瓜仁、松子。此重阳小食也。

青 糕、青 团

捣青草为汁，和粉作粉团，色如碧玉。

合 欢 饼

蒸糕为饭，以木印印之，如小珙璧状，入铁架熯之，微用油，方不粘架。

鸡 豆 糕

研碎鸡豆[①]，用微粉为糕，放盘中蒸之。临食用小刀片开。

注释：

① 鸡豆：又名鸡豆米，睡莲科植物芡的果实。

鸡 豆 粥

磨碎鸡豆为粥，鲜者最佳，陈者亦可。加山药、茯苓尤妙。

金 团

杭州金团，凿木为桃、杏、元宝之状，和粉搦成，入木印中便成。其馅不拘荤素。

藕 粉 、 百 合 粉

藕粉非自磨者，信之不真。百合粉亦然。

麻 团

蒸糯米捣烂为团，用芝麻屑拌糖作馅。

芋 粉 团

磨芋粉晒干，和米粉用之。朝天宫道士制芋粉团，野鸡馅，极佳。

熟 藕

藕须贯米加糖自煮，并汤极佳。外卖者多用灰水，味变，不可食也。余性爱食嫩藕，虽软熟而以齿决，故味在也。如老藕一煮成泥，便无味矣。

新栗、新菱

新出之栗，烂煮之，有松子仁香。厨人不肯煨烂，故金陵人有终身不知其味者。新菱亦然。金陵人待其老方食故也。

莲　子

建莲①虽贵，不如湖莲②之易煮也。大概小熟，抽心去皮，后下汤，用文火煨之，闷住合盖，不可开视，不可停火。如此两炷香，则莲子熟时，不生骨矣。

注释：
①建莲：福建建宁的莲子，莲中极品，是金铙山红花莲和白花莲的天然杂交种。
②湖莲：湖南洞庭湖的莲子。

芋

十月天晴时，取芋子、芋头晒之极干，放草中，勿使冻伤。春间煮食，有自然之甘。俗人不知。

萧 美 人 点 心

仪真南门外，萧美人善制点心，凡馒头、糕、饺之类，小巧可爱，洁白如雪。

刘 方 伯 月 饼

用山东飞面，作酥为皮，中用松仁、核桃仁、瓜子仁为细末，微加冰糖和猪油作馅。食之不觉甚甜，而香松柔腻，迥异寻常。

陶 方 伯 十 景 点 心

每至年节，陶方伯夫人手制点心十种，皆山东飞面所为。奇形诡状，五色纷披。食之皆甘，令人应接不暇。萨制军[①]云："吃孔方伯薄饼，而天下之薄饼可废；吃陶方伯十景点心，而天下之点心可废。"自陶方伯亡，而此点心亦成《广陵散》[②]矣。呜呼！

注释：

① 制军：总督，清朝官场代称制军。

②《广陵散》：三国曹魏诗人嵇康以善弹此曲著称，他临死时弹奏此曲，曰："《广陵散》于今绝矣。"后喻事无后继，已成绝响。

杨中丞西洋饼

用鸡蛋清和飞面作稠水，放碗中。打铜夹剪一把，头上作饼形，如碟大，上下两面，铜合缝处不到一分。生烈火烘铜夹，撩稠水，一糊一夹一熯，顷刻成饼。白如雪，明如绵纸，微加冰糖、松仁屑子。

白云片

白米锅巴，薄如绵纸，以油炙之，微加白糖，上口极脆。金陵人制之最精，号"白云片"。

风枵

以白粉浸透，制小片入猪油灼之，起锅时加糖糁之，色白如霜，上口而化。杭人号曰"风枵"。

三 层 玉 带 糕

以纯糯粉作糕，分作三层，一层粉，一层猪油、白糖，夹好蒸之，蒸熟切开。苏州人法也。

运 司 糕

卢雅雨[①]作运司，年已老矣。扬州店中作糕献之，大加称赏。从此遂有"运司糕"之名。色白如雪，点胭脂，红如桃花。微糖作馅，淡而弥旨。以运司衙门前店作为佳。他店粉粗色劣。

注释：

①卢雅雨：卢见曾，字抱孙，号澹园，山东德州人。清代著名藏书家。曾任两淮盐运使，资助过扬州八怪和《儒林外史》的作者吴敬梓。建藏书楼"雅雨堂"，藏书10万余种，珍善本无数。自称雅雨山人。

沙 糕

糯粉蒸糕，中夹芝麻、糖屑。

小馒头、小馄饨

作馒头如胡桃大，就蒸笼食之。每箸可夹一双。扬州物也。扬州发酵最佳。手捺之不盈半寸，放松仍隆然而高。小馄饨小如龙眼，用鸡汤下之。

雪蒸糕法

每磨细粉，用糯米二分、粳米八分为则，一拌粉，将粉置盘中，用凉水细细洒之，以捏则如团、撒则如砂为度。将粗麻筛筛出，其剩下块搓碎，仍于筛上尽出之，前后和匀，使干湿不偏枯，以巾覆之，勿令风干日燥，听用。水中酌加上洋糖则更有味，拌粉与市中枕儿糕法同。一锡圈及锡钱，俱宜洗剔极净，临时略将香油和水，布蘸拭之。每一蒸后，必一洗一拭。一锡圈内，将锡钱置妥，先松装粉一小半，将果馅轻置当中，后将粉松装满圈，轻轻挡平，套汤瓶上盖之，视盖口气直冲为度。取出覆之，先去圈，后去钱，饰以胭脂。两圈更递为用。一汤瓶宜洗净，置汤分寸以及肩为度。然多滚则汤易涸，宜留心看视，备热水频添。

作酥饼法

冷定脂油一碗，开水一碗，先将油同水搅匀，入生面，尽揉要软，如擀饼一样，外用蒸熟面入脂油，合作一处，不要硬了。然后将生面做团子，如核桃大，将熟面亦作团子，略小一晕[①]，再将熟面团子包在生面团子中，擀成长饼，长可八寸，宽二三寸许，然后折叠如碗样，包上穰子。

注释：

① 晕：圈。

天 然 饼

泾阳张荷塘[①]明府家制天然饼，用上白飞面，加微糖及脂油为酥，随意搦成饼样，如碗大，不拘方圆，厚二分许。用洁净小鹅子石，衬而煤之，随其自为凹凸，色半黄便起，松美异常。或用淡盐亦可。

注释：

① 张荷塘：张五典，号荷塘。陕西泾阳人。官至徐州知州。著有《荷塘诗集》。

花 边 月 饼

明府家制花边月饼，不在山东刘方伯之下。余尝以轿迎其女厨来园制造，看用飞面拌生猪油千团百搦，才用枣肉嵌入为馅，裁如碗大，以手搦其四边菱花样。用火盆两个，上下覆而炙之。枣不去皮，取其鲜也；油不先熬，取其生也。含之上口而化，甘而不腻，松而不滞，其工夫全在搦中，愈多愈妙。

制 馒 头 法

偶食新明府馒头，白细如雪，面有银光，以为是北面之故。龙云不然，面不分南北，只要罗得极细。罗筛至五次，则自然白细，不必北面也。惟做酵最难。请其庖人来教，学之卒不能松散。

扬 州 洪 府 粽 子

洪府制粽，取顶高糯米，捡其完善长白者，去其半颗散碎者，淘之极熟，用大箬叶裹之，中放好火腿一大块，封锅闷煨一日一夜，柴薪不断。食之滑腻温柔，肉与米化。或云：即用火腿肥者斩碎，散置米中。

饭 粥 单

粥饭本也，余菜末也。本立而道生。

作《饭粥单》。

饭

王莽[①]云："盐者，百肴之将。"余则曰："饭者，百味之本。"《诗》[②]称："释之溲溲，蒸之浮浮[③]。"是古人亦吃蒸饭。然终嫌米汁不在饭中。善煮饭者，虽煮如蒸，依旧颗粒分明，入口软糯。其诀有四：一要米好，或"香稻"，或"冬霜"，或"晚米"，或"观音籼"，或"桃花籼"，春之极熟[④]。霉天风摊播之，不使惹霉发疹。一要善淘，淘米时不惜工夫，用手揉擦，使水从箩中淋出，竟成清水，无复米色。一要用火，先武后文，闷起得宜。一要相米放水，不多不少，燥湿得宜。往往见富贵人家，讲菜不讲饭。逐末忘本，真为可笑。余不喜汤浇饭，恶失饭之本味故也。汤果佳，宁一口吃汤，一口吃饭，分前后食之，方两全其美。不得已，则用茶、用开水淘之，犹不夺饭之正味。饭之甘，在百味之上；知味者，遇好饭不必用菜。

注释：

① 王莽：字巨君，取代西汉称帝，改国号新。为绿林军所灭。

②《诗》：《诗经》。

③ 释之溲溲，蒸之浮浮：出自《诗经·生民》。溲溲，淘米的声音。浮浮，蒸饭的声音。

④ 舂之极熟：把米捣去表壳，捣得非常干净。舂，捣米去壳。

粥

见水不见米，非粥也；见米不见水，非粥也。必使水米融洽，柔腻如一，而后谓之粥。尹文瑞公曰："宁人等粥，毋粥等人。"此真名言，防停顿而味变汤干故也。近有为鸭粥者，入以荤腥；为八宝粥者，入以果品：俱失粥之正味。不得已，则夏用绿豆，冬用黍米，以五谷入五谷，尚属不妨。余尝食于某观察家，诸菜尚可，而饭粥粗粝，勉强咽下，归而大病。尝戏语人曰："此是五脏神①暴落难，是故自禁受不得。"

注释：

① 五脏神：中医理论中主宰五脏的神明。在《黄庭内景经》中，五脏神的名字是：心神丹元字守灵，肺神皓华字虚成，肝神龙烟字含明，肾神玄冥字育婴，脾神常在字魂停，胆神龙曜字威明。

茶 酒 单

七碗生风，一杯忘世，非饮用六清不可。

作《茶酒单》。

茶

欲治好茶，先藏好水。水求中泠[①]、惠泉[②]。人家中何能置驿而办？然天泉水、雪水，力能藏之。水新则味辣，陈则味甘。尝尽天下之茶，以武夷山顶所生，冲开白色者为第一。然入贡尚不能多，况民间乎？其次，莫如龙井。清明前者，号"莲心"，太觉味淡，以多用为妙；雨前最好，一旗一枪[③]，绿如碧玉。收法须用小纸包，每包四两，放石灰坛中，过十日则换石灰，上用纸盖扎住，否则气出而色味全变矣。烹时用武火，用穿心罐[④]，一滚便泡，滚久则水味变矣。停滚再泡，则叶浮矣。一泡便饮，用盖掩之，则味又变矣。此中消息，间不容发也。山西裴中丞尝谓人曰："余昨日过随园，才吃一杯好茶。"呜呼！公山西人也，能为此言。而我见士大夫生长杭州，一入宦场便吃熬茶，其苦如药，其色如血。此不过肠肥脑满之人吃槟榔法也，俗矣！除吾乡龙井外，余以为可饮者，胪列⑤于后。

注释：

①　中泠：中泠泉，在镇江西北金山下长江边，如今已在泥沙中消失。号称"天下点茶第一"。

②　惠泉：在荆门象山东麓，成名于隋朝。又有人认为袁枚说的是无锡惠山泉，号称"天下第二泉"。

③　一旗一枪：旗茶叶舒展如旗，枪指未舒展的茶叶。

④　穿心罐：茶壶中间有一根空心柱子直穿过茶壶盖，煮茶用具。又名穿心铫。

⑤　胪列：陈列，排列。

武 夷 茶

余向不喜武夷茶，嫌其浓苦如饮药。然丙午秋①，余游武夷到曼亭峰、天游寺诸处。僧道争以茶献。杯小如胡桃，壶小如香橼②，每斟无一两。上口不忍遽咽，先嗅其香，再试其味，徐徐咀嚼而体贴之。果然清芬扑鼻，舌有余甘，一杯之后，再试一二杯，令人释躁平矜，怡情悦性。始觉龙井虽清而味薄矣，阳羡虽佳而韵逊矣。颇有玉与水晶，品格不同之故。故武夷享天下盛名，真乃不忝。且可以瀹③至三次，而其味犹未尽。

注释：

① 丙午秋：1786年秋天，即乾隆五十一年秋天。

② 香橼：一种灌木，成熟果实为圆形。袁枚此处指的是香橼果。

③ 瀹（yuè）：滚煮。

龙井茶

杭州山茶，处处皆清，不过以龙井为最耳。每还乡上冢^①，见管坟人家送一杯茶，水清茶绿，富贵人所不能吃者也。

注释：

① 还乡上冢：还乡上坟。一般在清明时节进行。此时的龙井茶非常好。

常州阳羡茶

阳羡茶，深碧色，形如雀舌^①，又如巨米。味较龙井略浓。

注释：

① 雀舌：像鸟雀舌头的茶芽。

洞 庭 君 山 茶

洞庭君山出茶，色味与龙井相同，叶微宽而绿过之。采掇最少。方毓川抚军曾惠两瓶，果然佳绝。后有送者，俱非真君山物矣。

此外六安、银针、毛尖、梅片、安化，概行黜落。

酒

余性不近酒，故律酒过严[①]，转能深知酒味。今海内动行绍兴，然沧酒之清，浔酒之洌，川酒之鲜，岂在绍兴下哉！大概酒似耆老宿儒，越陈越贵，以初开坛者为佳，谚所谓"酒头茶脚"是也。炖法不及则凉，太过则老，近火则味变，须隔水炖，而谨塞其出气处才佳。取可饮者，开列于后。

注释：

　　① 律酒过严：律指自律。自己严格控制酒量。

金 坛 于 酒

于文襄公[①]家所造，有甜、涩二种，以涩者为佳。一清彻骨，色若松花。其味略似绍兴，而清洌过之。

① 于文襄公：于敏中，字叔子，又字仲常，号耐圃，江苏金坛人。状元。乾隆朝重臣。谥号文襄公。事迹见《清史稿》。

德 州 卢 酒

卢雅雨转运家所造，色如于酒，而味略厚。

四 川 郫 筒 酒 ①

郫筒酒，清洌彻底，饮之如梨汁蔗浆，不知其为酒也。但从四川万里而来，鲜有不味变者。余七饮郫筒，惟杨笠湖② 刺史木簰③ 上所带为佳。

注释：

① 郫（pí）筒：郫指四川郫县，筒指竹筒。郫筒酒是清代名酒，如今还有此酒。

② 杨笠湖：杨潮观，字宏度，号笠湖。江苏无锡人。戏曲家。有《吟风阁杂剧》传世。

③ 木簰：木排。

绍 兴 酒

绍兴酒,如清官廉吏,不参一毫假,而其味方真。又如名士耆英[①],长留人间,阅尽世故,而其质愈厚。故绍兴酒,不过五年者不可饮,参水者亦不能过五年。余常称绍兴为名士,烧酒为光棍。

注释:

① 耆英:年高出众之人。耆,老人。

湖 州 南 浔 酒

湖州南浔酒,味似绍兴,而清辣过之。亦以过三年者为佳。

常 州 兰 陵 酒

唐诗有"兰陵美酒郁金香,玉碗盛来琥珀光[①]"之句。余过常州,相国[②]刘文定公[③]饮以八年陈酒,果有琥珀之光。然味太浓厚,不复有清远之意矣。宜兴有蜀山酒,亦复相似。至于无锡酒,用天下第二泉所作,本是佳品,而被市井人苟且为之,遂至浇淳散朴,殊可惜也。据云有佳者,恰未曾饮过。

注释:

① 兰陵美酒郁金香,玉碗盛来琥珀光:出自唐朝李白的《客中

行》。兰陵，山东临沂兰陵镇。郁金香，一种香草，用来泡酒，酒色金黄。

②相国：宰相，清朝官场代称大学士为相国。

③刘文定公：刘纶，字如叔，号绳庵。江苏常州人。著有《绳庵内外集》。

溧 阳 乌 饭 酒

余素不饮。丙戌年①在溧水叶比部②家，饮乌饭③酒至十六杯，傍人大骇，来相劝止。而余犹颓然，未忍释手。其色黑，其味甘鲜，口不能言其妙。据云溧水风俗：生一女，必造酒一坛，以青精饭为之。俟嫁此女，才饮此酒。以故极早亦须十五六年。打瓮时只剩半坛。质能胶口，香闻室外。

注释：

①丙戌年：1766年，乾隆三十一年。

②溧（lì）水叶比部：溧水，南京溧水县。叶比部，叶继雯，清朝官场代称刑部司官为比部。

③乌饭：用南天竺叶熬汁，染米成黑色，蒸熟就是乌饭。道家称之为青精饭。

苏 州 陈 三 白 酒 ^①

乾隆三十年，余饮于苏州周慕庵家。酒味鲜美，上口粘唇，在杯满而不溢。饮至十四杯，而不知是何酒，问之，主人曰："陈十余年之三白酒也。"因余爱之，次日再送一坛来，则全然不是矣。甚矣！世间尤物之难多得也。按郑康成^②《周官》注"盎齐^③"云："盎者翁翁然，如今酇白^④。"疑即此酒。

注释：

①三白酒：米白、水白、曲白，此种酒俗称三白酒。明清两朝都是贡酒。

②郑康成：郑玄，字康成。东汉末年著名经学家，大儒，山东高密人，遍注儒经。著作有《天文七政论》《中侯》等等，世称"郑学"。

③盎齐：出自《周礼·天官·酒正》："辩五齐之名，一曰泛齐，二曰醴齐，三曰盎齐，四曰缇齐，五曰沉齐。"

④酇白：白酒。

金 华 酒

金华酒，有绍兴之清，无其涩；有女贞之甜，无其俗。亦以陈者为佳。盖金华一路水清之故也。

山 西 汾 酒

既吃烧酒，以狠为佳。汾酒乃烧酒之至狠者。余谓烧酒者，人中之光棍，县中之酷吏也。打擂台，非光棍不可；除盗贼，非酷吏不可；驱风寒、消积滞，非烧酒不可。汾酒之下，山东膏粱烧次之，能藏至十年，则酒色变绿，上口转甜，亦犹光棍做久，便无火气，殊可交也。尝见童二树家泡烧酒十斤，用枸杞四两、苍术二两、巴戟天一两，布扎一月，开瓮甚香。如吃猪头、羊尾、跳神肉之类，非烧酒不可，亦各有所宜也。

此外如苏州之女贞、福贞、元燥，宣州之豆酒、通州之枣儿红，俱不入流品，至不堪者，扬州之木瓜也，上口便俗。

作者 ｜ 袁 枚
（1716—1798）

清代文学大师。字子才，号简斋，晚年自号随园主人、随园老人。

生于杭州，少有才名，年未弱冠，经史通明，二十三岁科举高中。

从政后为官十年，勤政廉洁，却始终不得高升。

三十三岁时辞官隐居，于南京购置隋氏废园，改名"随园"，此后教授学生，交朋结友，放情声色，种竹浇花，八十岁时仍游山玩水。

一生著作如山，名震文坛。《随园食单》为其晚年代表作品，是史上唯一成为文学名著的美食菜谱。问世至今，流传海内。

八十二岁时去世，葬于南京百步坡，世称"随园先生"。

其它作品：《小仓山房诗文集》《随园诗话》《随园随笔》《子不语》等。

译者 ｜ 张万新

知名诗人，小说家，重庆酉阳人。

与莫言、余华、贾平凹同时入选"中国作家
实力榜"。2016 年出版小说集《马口鱼的诱
惑》，涉笔成趣，一纸风行。2017 年签约作
家榜，倾心译注《随园食单》《聊斋志异》。

策　　划｜ 　大星
出　　品｜ 　文化

出 品 人｜ 吴怀尧　何三坡
　　　　　 邵　飞　周公度

产品经理｜ 邱绍棠　马文旭
封面设计｜ 大星文化
内文插图｜ 赵梦婷
美术编辑｜ 李孝红
特约印制｜ 朱　毓

投稿邮箱 / dxwh@vip.126.com

采购热线 / 021-60839180

官方微博 / @大星文化 @中国作家富豪榜

作家榜官网 / www.zuojiabang.cn

作家榜官方微博 / @中国作家富豪榜（每天都在免费送经典好书）

下载作家榜APP　　　作家榜公众号
百部经典免费读　　　读书人必收藏